JN336649

第三級アマチュア無線技士

合格精選 330題
試験問題集

吉川 忠久 著

TDU 東京電機大学出版局

はじめに

合格をめざして

　本書は，第三級アマチュア無線技士（三アマ）の国家試験を受験しようとする方のために，短期間で国家試験に合格できることを目指してまとめたものです．

　アマチュア無線を始めようとする方は，まず，四アマや三アマなどの無線従事者の免許を取らなければなりません．無線従事者の免許を取るには，（公財）日本無線協会で行われる国家試験に合格するのが近道です．そして，短期間に合格するには既出問題集で学習する方法が一番の近道です．しかし，これまでに出題された問題の種類はかなり多く，また，専門用語が多いので単に暗記しようとしてもなかなかたいへんです．

　そこで本書は，三アマの国家試験で出題された問題を項目別にまとめて，単なる言葉の暗記ではなく，問題を解くために必要な解説を付けて内容が理解できるようにしました．また，チェックボックスによって理解度を確認できるようにしましたので，これらのツールを活用して学習すれば，短期間で試験に合格する力をつけることができます．

　本書の読者の多くは，四アマの資格をお持ちかと思いますが，初めてアマチュア無線技士を受験する方でも本書で勉強すれば三アマの国家試験に合格することができます．

国家試験に効率よく合格するために！！

　国家試験ではこれまでに出題された問題が繰り返し出題されています．そこで，既出問題が解けるように学習することが，効率よく合格する近道です．

　本書を繰り返し学習すれば，合格点を取る力は十分つきます．

　いくつもの本を勉強するより，

本書を繰り返し学習して，同じ問題が出たときに失敗しないこと！！

　このことが試験に合格するために，最も重要なことです．

　三アマの免許を取れば，空中線電力が50ワット以下の無線設備を使用することができます．また，四アマの資格では運用することができなかった周波数帯やモールス符号による電信で運用することができますので，外国との交信もやりやすくなります．

　三アマは四アマからすぐにステップアップすることができる資格です．一人でも多くの方が三アマの資格を取って，アマチュア無線を楽しまれることのお役に立ててれば幸いです．

2015年1月

筆者しるす

もくじ

合格のための本書の使い方……………………………………………………… 5

無線工学
無線工学の基礎…………………………………………………………………… 13
電子回路…………………………………………………………………………… 29
送信機……………………………………………………………………………… 41
受信機……………………………………………………………………………… 55
電波障害…………………………………………………………………………… 67
電源………………………………………………………………………………… 79
空中線および給電線……………………………………………………………… 89
電波伝搬…………………………………………………………………………… 99
測定………………………………………………………………………………… 109

法　規
目的・定義………………………………………………………………………… 119
無線局の免許……………………………………………………………………… 120
無線設備…………………………………………………………………………… 128
無線従事者………………………………………………………………………… 134
運用………………………………………………………………………………… 137
監督………………………………………………………………………………… 155
業務書類…………………………………………………………………………… 161
国際法規…………………………………………………………………………… 163
モールス符号……………………………………………………………………… 170

合格のための本書の使い方

　無線従事者国家試験の出題の形式は，コンピュータ画面上で解答するCBT方式による選択式の試験問題です．学習の方法も問題形式に合わせて対応していかなければなりません．

　国家試験問題を解く際に，特に注意が必要なことをあげると，

1　どのような範囲から出題されるかを知る．
2　問題の中でどこがポイントかを知る．
3　計算問題は必要な公式を覚える．
4　問題文をよく読んで問題の構成を知る．
5　わかりにくい問題は繰り返し学習する．

　本書は，これらのポイントに基づいて，効率よく学習できるように構成されています．

ページの表に問題・裏に解答解説

　まず，問題を解いてみましょう．
　次に，問題のすぐ次のページに解答が，必要に応じて解説（ミニ解説を含む.）も収録されていますので，答を確かめてください．間違った問題は問題文と解説をよく読んで，内容をよく理解してから次の問題に進んでください．

国家試験に出題された問題をセレクト

　問題は，国家試験に出題された問題をセレクトし，各項目別にまとめてあります．
　セレクトした問題は，国家試験に出題されたほぼ全種類の問題です．各出題項目から試験に出題される出題数と出題1問あたりの本書に掲載した問題数は，各項目によってかなり違います（p.7の表に示します）．試験で出題される1問あたりの掲載問題数が少ない項目を重点的に学習すると効率よく学習することができます．

チェックボックスを活用しよう

　各問題には，チェックボックスがあります．正解した問題をチェックするか，あるいは正解できなかった問題をチェックするなど，工夫して活用してください．
　チェックボックスを活用して，不得意な問題が確実にできるようになるまで，繰り返し学習してください．

問題をよく読んで

　解答がわかりにくい問題では，問題文をよく読んで問題の意味を理解してください．何を問われているのかが理解できれば，選択肢もおのずと絞られてきます．すべての問題について正解するために必要な知識がなくても，ある程度正解に近づくことができます．

　また，穴埋め式の問題では，問題以外の部分も穴埋めになって出題されることもありますので，穴埋めの部分のみを覚えるのではなく，それ以外のところもよく読んで学習してください．

解説をよく読んで

　問題の解説では，その問題に必要な知識を取り上げるとともに，類題が出題されたときにも対応できるように，必要な内容を説明してありますので，合わせて学習してください．

　計算問題では，必要な公式を示してあります．公式は覚えておいて，問題の数値が異なったときでも計算できるようにしてください．

いつでも・どこでも・繰り返し

　学習の基本は，何度も繰り返し学習して覚えることです．

　いつでも本書を持ち歩いて，すこしでも時間があれば本書を取り出して学習してください．案外，短時間でも集中して学習すると効果が上がるものです．

　本書は，すべての分野を完璧に学習できることを目指して構成されているわけではありません．したがって，新しい傾向の問題もすべて解答できる実力がつくとはいえないでしょう．しかし，本書を活用することによって国家試験で合格点をとる力は十分につきます．

　やみくもにいくつもの本を読みあさるより，本書の内容を繰り返し学習することが効率よく合格するこつです．

傾向と対策

試験問題の形式と合格点

科目	問題の形式	問題数	合格点
無線工学	4肢択一式	14	9問以上
法規	4肢択一式	16	11問以上

　無線工学と法規の両方の科目が合格点以上でないと合格になりません．試験時間は，無線工学と法規合わせて1時間10分です．

各項目ごとの出題数と掲載問題数

　効率よく合格するには，どの項目から何問出題されるかを把握しておき，確実に合格点に到達できるように学習しなければなりません．

　無線工学と法規の試験科目で出題される項目と各項目の標準的な出題数，および本書に掲載した各項目の問題数を次表に示します．各項目の出題数は試験日によって，それぞれ1問増減することもありますが，合計の問題数は変わりません．

　無線工学の問題については，出題1問あたりの掲載問題の数がかなり違います．「電子回路」，「空中線および給電線」は出題1問あたりの掲載問題数が15問以上あります．ところが，「送信機」，「受信機」，「電波障害」では10問程度，「測定」では約8問ですから，出題1問あたりの問題の種類が少ないので，これらの項目を完璧に学習すると効率よく得点することができます．

　法規の問題については，「モールス符号の理解度を確認する問題」を除くと，各項目から試験で出題される1問あたりの掲載問題数は「無線設備」が14問で多く出題され，「無線従事者」と「業務書類」が8問と少ないので，これらの項目を完璧に学習すると効率よく学習することができます．

無線工学

項　目	出題数	掲載問題数
無線工学の基礎	2	25
電子回路	1	19
送信機	2	18
受信機	2	19
電波障害	2	18
電源	1	14
空中線および給電線	1	15
電波伝搬	1	13
測定	2	15
合計	14	156

法規

項　目	出題数	掲載問題数
目的・定義／無線局の免許	2	26
無線設備	1	14
無線従事者	1	8
運用	5	47
監督	2	21
業務書類	1	8
国際法規	2	19
モールス符号の理解度を確認する問題	2	31
合計	16	174

受験の手引き

試験地　　　全国各地のCBTテストセンターで試験が行われます．
実施時期　　予約により，随時行われます．
申請時期　　試験日の14日前まで
試験の申請　公益財団法人日本無線協会（以下，「協会」といいます．）のホームページの「CBT方式無線従事者国家試験のページ」のリンクからCBT-Solutionsにアクセスして，申請手続きを行います．次に申請までの流れを示します．
　① CBT-SolutionsでユーザIDとパスワードを登録します．
　② ログイン後,「CBT申込」より，試験の日付・会場・時間，郵送物送付先などを入力し，顔写真の登録をして受験予約を行います．
　③ 請求額の受験料をコンビニエンスストア決済やPay-easy（ペイジー）決済によって払い込むと受験予約が完了します．
受験当日　　予約したCBTテスト会場へは，試験開始30分〜5分前までに到着してください．遅刻すると受験ができません．試験会場に着きましたら，運転免許証や学生証などの本人確認書類を提示して受付をしてから，試験会場に入室してコンピュータによる試験を受験します．
試験結果の通知　受験日から1か月以内に，協会（@nichimu.or.jp のアドレス）から電子メールが送付されます．メールの指示に従って試験結果が記載された結果通知書をダウンロードしてください．

（公財）日本無線協会の
ホームページ

https://www.nichimu.or.jp/

(公財)日本無線協会

事務所の名称	電話
(公財)日本無線協会　本部	(03)3533-6022
(公財)日本無線協会　北海道支部	(011)271-6060
(公財)日本無線協会　東北支部	(022)265-0575
(公財)日本無線協会　信越支部	(026)234-1377
(公財)日本無線協会　北陸支部	(076)222-7121
(公財)日本無線協会　東海支部	(052)951-2589
(公財)日本無線協会　近畿支部	(06)6942-0420
(公財)日本無線協会　中国支部	(082)227-5253
(公財)日本無線協会　四国支部	(089)946-4431
(公財)日本無線協会　九州支部	(096)356-7902
(公財)日本無線協会　沖縄支部	(098)840-1816

ホームページのアドレス　https://www.nichimu.or.jp/

無線従事者免許の申請

　国家試験に合格したときは，無線従事者免許を申請します．定められた様式の申請書に必要事項を記入し，添付書類，免許証返信用封筒(切手貼付)を管轄の総合通信局等に提出(郵送)してください．申請書は総務省の電波利用ホームページより，ダウンロードできますので，これを印刷して使用します．

　添付書類等は次のとおりです．
(ア)氏名及び生年月日を証する書類(住民票の写しなど．ただし，申請書に住民票コードまたは現に有する無線従事者の免許の番号などを記載すれば添付しなくてもよい．)
(イ)手数料(1,750円分の収入印紙．申請書に貼付する．)
(ウ)写真1枚(縦30mm×横24mm．申請書に貼付する．)
(エ)返信先(住所，氏名等)を記載し，切手を貼付した免許証返信用封筒(免許証の郵送を希望する場合のみ)

無線従者者免許申請書

無線従事者 ☑免許 / □免許証再交付 申請書

総務大臣( )殿　　　　　年　月　日

申請資格：第　　級アマチュア無線技士

氏名
- フリガナ（姓）（名）
- 漢字（姓）（名）

無線通信士、第一級海上特殊無線技士、アマチュア無線技士にあっては、ヘボン式ローマ字による氏名が免許証に併記されます。非ヘボン式ローマ字による氏名表記を希望する場合に限り、□にレ印を記し、下欄に活字体大文字で記入してください。

LAST NAME（姓）（活字体大文字で記入）　FIRST NAME（名）

非ヘボン式を希望します。→□

写真ちょう付欄
1. 申請者本人が写っているもの
2. 正面、無帽、無背景、上三分身で6ヶ月以内に撮影されたもの
3. 縦30mm×横24mm
4. 写真は免許証に転写されるので枠からはみ出さないようにしてください

生年月日　　年　月　日

住所
〒

電話
日中の連絡先（　）

所持人自署
無線通信士、第一級海上特殊無線技士の場合は必ず署名してください。

（この署名は免許証にそのまま転写されますから、枠にかかったり、はみ出ないようにしてください。）

収入印紙ちょう付欄
（この欄にはりきれないときは、他を裏面下部にはってください。また、申請者は消印しないでください）

（はりきれないときは裏面下部へ）

☑ 無線従事者規則第46条の規定により、免許を受けたいので(別紙書類を添えて)申請します。

国家試験合格	受験番号　　　　　　　（　　　　年　月　日合格）
養成課程修了	認定施設者の名称　　　実施場所(市区町村名) 修了証明書の番号　　　　（　　年　月　日修了）
資格、業務経歴等	現に有する資格 ／ 修了した認定講習 資格　　　講習の種別 免許証の番号　　　番号 免許の年月日　　　修了年月日	□はい 該当する場合はその内容 □いいえ
学校卒業	学校卒業で資格を取得しようとする場合は□にレ印を記入してください。→□
欠格事由の有無	無線従事者規則第45条第1項各号のいずれかに該当しますか。(いずれかの□にレ印を必ず記入してください。)

下の欄には住民票コード又は現に有する無線従事者免許証、電気通信主任技術者資格者証若しくは工事担任者資格者証の番号のいずれか1つを記入した場合は、氏名及び生年月日を証する書類の提出を省略することができます。

記入した番号の種類(いずれかの□にレ印を記入してください。)
- □ 住民票コード
- □ 無線従事者免許証の番号
- □ 電気通信主任技術者資格者証の番号
- □ 工事担任者資格者証の番号

（左詰めで記入）

□ 無線従事者規則第50条の規定により、免許証の再交付を受けたいので(別紙書類を添えて)申請します。

| 再交付申請の理由 | □汚損、破損したため
□失ったため
□氏名を変更したため | 氏名を変更した場合は右の欄に変更前の氏名を記入してください。 | 変更前の氏名 | フリガナ
漢字 |

注意
1. 太枠内の所定の欄に黒インク又は黒ボールペンで記入してください。ただし、※のある欄では□枠内にレ印を記入してください。
2. この用紙は機械で読み取りますので、写真や所持人自署欄に折り目をつけたり、署名が枠にかかったり、はみ出ないようにしてください。
3. 申請の際に必要な書類等は次のとおりです。

免許申請	国家試験合格	氏名及び生年月日を証する書類
	養成課程修了	修了証明書等、氏名及び生年月日を証する書類
	資格、業務経歴等	業務経歴証明書、修了証明書(認定講習を受講した場合に限る。)、氏名及び生年月日を証する書類
	学校卒業	科目履修証明書、履修内容証明書(科目確認を受けていない学校を卒業した場合に限る。)、卒業証明書、氏名及び生年月日を証する書類
再交付申請	氏名変更	免許証、氏名の変更事実を証する書類
	汚損、破損	汚損、又は破損した免許証

免許証の郵送を希望するときは所要の郵便切手をはり、申請者の郵便番号、住所及び氏名を記載した返信用封筒を添えて、信書便の場合はそれに準じた方法により申請してください。

(用紙は日本産業規格A列4番・白色)

無線従事者免許申請書

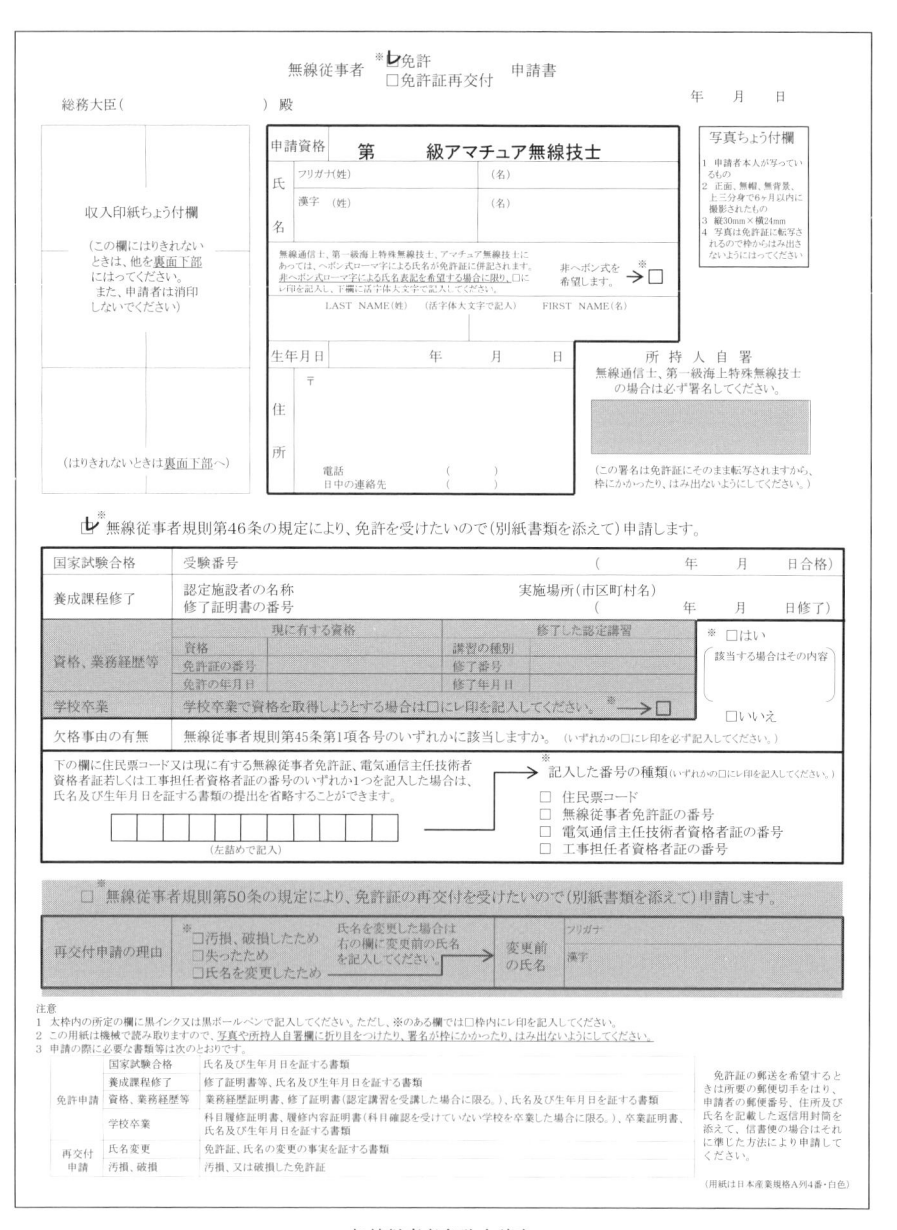

総合通信局等の所在地

総合通信局等	所在地	電話
北海道総合通信局	〒060-8795　北海道札幌市北区北8条西2-1-1 　　　　　　　　　　札幌第1合同庁舎	011-709-2311 （内線4615）
東北総合通信局	〒980-8795　宮城県仙台市青葉区本町3-2-23 　　　　　　　　　　仙台第2合同庁舎	022-221-0666
関東総合通信局	〒102-8795　東京都千代田区九段南1-2-1 　　　　　　　　　　九段第3合同庁舎	03-6238-1749
信越総合通信局	〒380-8795　長野県長野市旭町1108　長野第1合同庁舎	026-234-9967
北陸総合通信局	〒920-8795　石川県金沢市広坂2-2-60 　　　　　　　　　　金沢広坂合同庁舎	076-233-4461
東海総合通信局	〒461-8795　愛知県名古屋市東区白壁1-15-1 　　　　　　　　　　名古屋合同庁舎第3号館	052-971-9186
近畿総合通信局	〒540-8795　大阪府大阪市中央区大手前1-5-44 　　　　　　　　　　大阪合同庁舎第1号館	06-6942-8550
中国総合通信局	〒730-8795　広島県広島市中区東白島町19-36	082-222-3353
四国総合通信局	〒790-8795　愛媛県松山市味酒町2-14-4	089-936-5013
九州総合通信局	〒860-8795　熊本県熊本市西区春日2-10-1	096-326-7846
沖縄総合通信事務所	〒900-8795　沖縄県那覇市旭町1-9 　　　　　　　　　　カフーナ旭橋B街区5F	098-865-2315

チェックボックスの使い方

問題には，下の図のようなチェックボックスが設けられています．

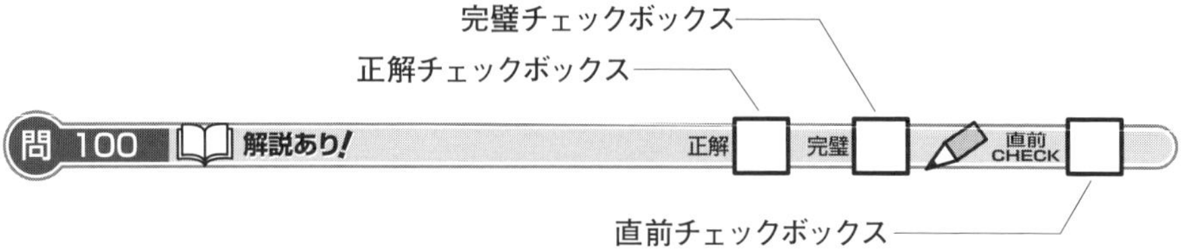

完璧チェックボックス
正解チェックボックス

問 100　解説あり！　　　　　　　正解 □ 完璧 □ 直前CHECK □

直前チェックボックス

正解チェックボックス

まず，一通りすべての問題を解いてみて，正解した問題は正解チェックボックスにチェックをします．このとき，あやふやな理解で正解したとしてもチェックしておきます．

完璧チェックボックス

すべての問題の正解チェックが済んだら，次にもう一度すべての問題に解答します．今度は，問題および解説の内容を完全に理解したら，完璧チェックボックスにチェックをします．

直前チェックボックス

すべての完璧チェックができたら，ほぼこの問題集はマスターしたことになりますが，試験の直前に確認しておきたい問題，たとえば計算に公式を使ったものや専門的な用語，法規の表現などで間違いやすいものがあれば，直前チェックボックスにチェックをしておきます．そして，試験会場での試験直前の見直しに利用します．

直前に何を見直すかの内容，あるいは重要度などに対応したチェックの種類や色を自分で決めて，下のチェック表に記入してください．試験直前に，チェックの種類を確認して見直しをすることができます．

(例)

◤	重要な公式	◤	重要な用語
□		□	
□		□	

問題

問 1

次の記述の □ 内に入れるべき字句の組合せで，正しいのはどれか．

図に示すように，プラス(+)に帯電している物体aに，帯電していない導体bを近づけると，導体bにおいて，物体aに近い側には A の電荷が生じ，物体aに遠い側には B の電荷が生じる．この現象を C という．

	A	B	C
1	マイナス	マイナス	電磁誘導
2	マイナス	プラス	静電誘導
3	プラス	マイナス	静電誘導
4	プラス	プラス	電磁誘導

問 2

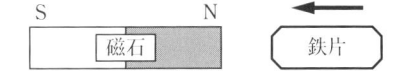

次の記述の □ 内に入れるべき字句の組合せで，正しいのはどれか．

図のように，鉄片を磁石に近づけると，鉄片の磁石のN極に近い端が A に，遠い端が B に磁化され，磁石は鉄片を C する．このような現象を磁気誘導という．

	A	B	C
1	S極	N極	吸引
2	S極	N極	反発
3	N極	S極	吸引
4	N極	S極	反発

問 3

次の記述の □ 内に入れるべき字句の組合せで，正しいのはどれか．

磁気誘導を生ずる物質を磁性体といい，鉄，ニッケルなどの物質は A という．また，加えた磁界と反対の方向にわずかに磁化される銅，銀などは B という．

	A	B		A	B
1	強磁性体	反磁性体	2	強磁性体	常磁性体
3	非磁性体	反磁性体	4	非磁性体	常磁性体

解説 ➡ 問1

プラスに帯電している物体aに帯電していない物体bを近づけると，解説図のように帯電している物体に近い側にはマイナスの電荷が生じ，遠い側にはプラスの電荷が生じて，吸引力が発生する．

> 静電気が発生することを帯電しているという

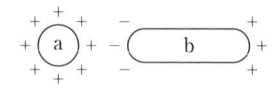

解説 ➡ 問2

磁石のN極の近くに，磁気を帯びていない鉄片を近づけると，解説図のように磁石に近い端はS極に，遠い端はN極の磁化されて，吸引力が発生する．

> 同じ種類の磁極は反発，異なる種類の磁極は吸引

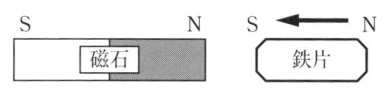

解説 ➡ 問3

鉄やニッケルなどの金属に磁石を近づけると，磁気誘導が生じて，磁石に近い側が反対の極の磁極に磁化され，磁石との間に吸引力が働く．このような磁化する性質を持つ物質を強磁性体という．強磁性体は磁気の性質が現れてから，磁石を遠ざけても磁極がなくならない性質がある．

銅や銀などの物質は，磁石に近い側にわずかに同じ極の磁極が生じる．これらの物質を反磁性体という．

解答 問1➡2　問2➡1　問3➡1

問 4

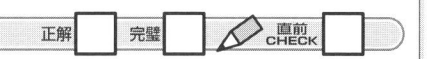

図に示すように，2本の軟鉄棒（AとB）に互いに逆向きとなるようにコイルを巻き，2個が直線状になるように置いてスイッチSを閉じると，AとBはどのようになるか．

1　変化がない．
2　引き付け合ったり離れたりする．
3　互いに離れる．
4　互いに引き付け合う．

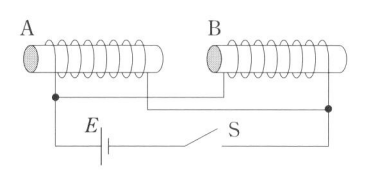

問 5

図に示すように，真空中を直進する電子に対して，その進行方向に平行で強い電界が加えられると電子はどのようになるか．

1　電子は回転運動をする．
2　電子の進行方向が変わる．
3　電子の進行速度が変わる．
4　電子の数が増加する．

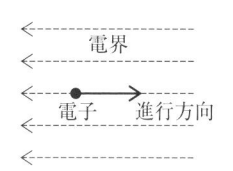

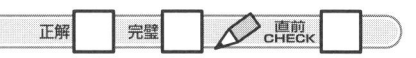

問 6

図に示す回路において，静電容量 $8\,[\mu F]$ のコンデンサに蓄えられている電荷が $2\times 10^{-5}\,[C]$ であるとき，静電容量 $2\,[\mu F]$ のコンデンサに蓄えられる電荷の値として，正しいのは次のうちどれか．

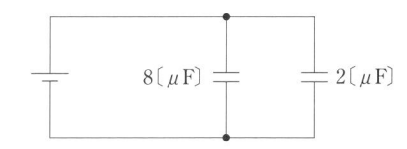

1　$5\times 10^{-6}\,[C]$
2　$6\times 10^{-6}\,[C]$
3　$7\times 10^{-5}\,[C]$
4　$8\times 10^{-5}\,[C]$

ヒント：静電容量 C，電荷 Q，電圧 V は次式で表される．
$$V=\frac{Q}{C}\,[V],\quad Q=CV\,[C]$$

解説 → 問4

右ねじの法則より，コイルAには左向きの磁力線が発生するので，左側にN極，右側にS極が，コイルBには右向きの磁力線が発生するので，左側にS極，右側にN極が発生する．同じS極どうしが向かいあっているので，互いに離れる．

> 右ねじの法則は，回転電流と磁力線（磁界）の向き．あるいは，回転磁力線（磁界）と電流の向きが，ねじを回す向きと進む向きを表す

解説 → 問5

問題図の点線は電気力線を表す．電気力線はプラスからマイナスの方向を向くので，右側にプラスの電荷がある．電子はマイナスの電荷を持っているので，右側のプラスの電荷に引き付けられて，電子の進行速度が増加する（進行速度が変わる）．

解説 → 問6

問題図の左側のコンデンサの静電容量を $C_1 = 8 (\mu F) = 8 \times 10^{-6} (F)$，$C_1$ に蓄えられる電荷を $Q_1 = 2 \times 10^{-5} (C)$ とすると，電圧 $V(V)$ は，次式で表される．

$$V = \frac{Q_1}{C_1} = \frac{2 \times 10^{-5}}{8 \times 10^{-6}} = \frac{2}{8} \times 10^{-5-(-6)}$$
$$= 0.25 \times 10^1 = 2.5 (V)$$

右側のコンデンサの静電容量を $C_2 = 2 (\mu F) = 2 \times 10^{-6} (F)$ とすると，C_1 と同じ電圧 $V(V)$ が加わるので，C_2 に蓄えられる電荷 $Q_2 (C)$ は次式で表される．

$$Q_2 = C_2 \times V = 2 \times 10^{-6} \times 2.5 = 5 \times 10^{-6} (C)$$

> $Q = CV$
> キゥイ渋い

関連知識：指数の計算

たくさん0のある数を表すとき，10の何乗かを表す指数を用いて計算する．

$1 = 10^0, \quad 10 = 10^1, \quad 100 = 10^2$

$10 \times 100 = 10^{1+2} = 10^3 = 1,000$

$\dfrac{10}{100} = \dfrac{10^1}{10^2} = 10^{1-2} = 10^{-1} = \dfrac{1}{10^1} = 0.1$

掛け算は指数の足し算，割り算は指数の引き算で計算する．

解答 問4→3　問5→3　問6→1

問 7

図に示す回路において，端子 ab 間の電圧は，いくらになるか．

1　20〔V〕
2　24〔V〕
3　30〔V〕
4　48〔V〕

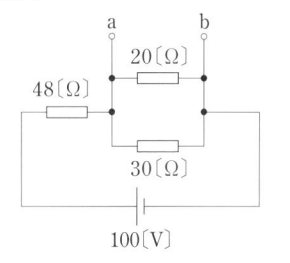

ヒント：抵抗 R_1 と R_2 の直列合成抵抗は，$R_1 + R_2$ 〔Ω〕

並列合成抵抗は，$\dfrac{R_1 \times R_2}{R_1 + R_2}$ 〔Ω〕

問 8

2〔A〕の電流を流すと20〔W〕の電力を消費する抵抗器がある．これに50〔V〕の電圧を加えたら何ワットの電力を消費するか．

1　25〔W〕
2　50〔W〕
3　250〔W〕
4　500〔W〕

ヒント：電流 I，電圧 V，抵抗 R，電力 P は，次式で表される．

$$P = V \times I = R \times I^2 = \dfrac{V^2}{R} \text{〔W〕}$$

問 9

コイルの電気的性質で，誤っているのはどれか．

1　交流電流は周波数が高くなるほど流れにくい．
2　交流を流したとき，電流の位相は加えた電圧の位相より進む．
3　電流を流すと磁界が生ずる．
4　電流が変化すると逆起電力が生ずる．

解説 → 問7

端子 ab 間の抵抗を $R_2 = 20 \,[\Omega]$, $R_3 = 30 \,[\Omega]$ とすると，並列合成抵抗 $R_{ab}\,[\Omega]$ は，次式で表される．

$$R_{ab} = \frac{R_2 \times R_3}{R_2 + R_3} = \frac{20 \times 30}{20 + 30} = \frac{600}{50} = 12\,[\Omega]$$

$R_1 = 48\,[\Omega]$ と端子 ab 間の合成抵抗 R_{ab} の直列合成抵抗 $R_S\,[\Omega]$ は，

$$R_S = R_1 + R_{ab} = 48 + 12 = 60\,[\Omega]$$

電源電圧 $V = 100\,[V]$ のとき，回路に流れる電流 $I\,[A]$ は，

$$I = \frac{V}{R_S} = \frac{100}{60} = \frac{5}{3}\,[A]$$

ab 間の電圧 $V_{ab}\,[V]$ は，次式によって求めることができる．

$$V_{ab} = R_{ab} \times I = 12 \times \frac{5}{3} = 20\,[V]$$

$$I = \frac{V}{R}$$
$$V = R \times I$$
$$R = \frac{V}{I}$$

電流を求めなくても電圧比で求めることもできる．
直列接続された抵抗の端子電圧と抵抗の比は等しいので，

$R_1 : R_{ab} = 48 : 12 = 4 : 1$ より， $V_1 : V_{ab} = 4 : 1$

$V_1 + V_{ab} = 100\,[V]$ だから，V_1 には $100\,[V]$ の4/5の電圧が加わり，V_{ab} は1/5の電圧が加わるから，$V_{ab} = 20\,[V]$ となる．

解説 → 問8

電流 $I\,[A]$ を抵抗 $R\,[\Omega]$ に流したとき消費する電力 $P\,[W]$ は，次式で表される．

$$P = RI^2$$

抵抗 $R\,[\Omega]$ を求めると，

$$R = \frac{P}{I^2} = \frac{20}{2 \times 2} = \frac{20}{4} = 5\,[\Omega]$$

$$P = V \times I$$
$$P = R \times I^2$$
$$P = \frac{V^2}{R}$$

電圧 $V\,[V]$ を抵抗 $R\,[\Omega]$ に加えたときに消費する電力 $P\,[W]$ は，

$$P = \frac{V^2}{R} = \frac{50 \times 50}{5} = \frac{2,500}{5} = 500\,[W]$$

解説 → 問9

電流の位相は電圧の位相より 90° 遅れる．

解答 問7→1　問8→4　問9→2

問題

問 10

図に示す回路において、コイルのリアクタンスの値で、最も近いのは、次のうちどれか。

1   9.42〔kΩ〕
2   7.32〔kΩ〕
3   6.28〔kΩ〕
4   3.14〔kΩ〕

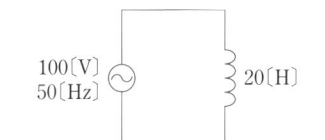

回路図：100〔V〕, 50〔Hz〕の交流電源に 20〔H〕のコイルが接続されている。

ヒント：コイルのリアクタンス X_L は、次式で表される。
$$X_L = 2\pi f L \,[\Omega]$$

問 11

図に示す回路において、コンデンサのリアクタンスの値として、最も近いのは次のうちどれか。

1   90〔Ω〕
2   70〔Ω〕
3   36〔Ω〕
4   18〔Ω〕

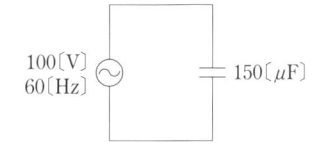

回路図：100〔V〕, 60〔Hz〕の交流電源に 150〔μF〕のコンデンサが接続されている。

ヒント：コンデンサのリアクタンス X_C は、次式で表される。
$$X_C = \frac{1}{2\pi f C} \,[\Omega]$$

問 12

図に示す回路において、コンデンサのリアクタンスの値として、最も近いのは次のうちどれか。

1   100〔Ω〕
2   50〔Ω〕
3   20〔Ω〕
4   10〔Ω〕

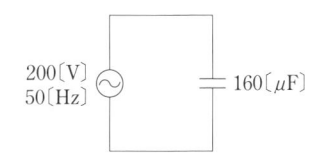

回路図：200〔V〕, 50〔Hz〕の交流電源に 160〔μF〕のコンデンサが接続されている。

解説 → 問10

電源の周波数をf〔Hz〕，コイルのインダクタンスをL〔H〕とすると，コイルのリアクタンスX_L〔Ω〕は，次式で表される．

$$X_L = 2\pi f L \fallingdotseq 2 \times 3.14 \times 50 \times 20$$
$$= 6.28 \times 1,000 \text{〔Ω〕} = 6.28 \text{〔kΩ〕}$$

$\pi \fallingdotseq 3.14$
$1\text{〔kΩ〕} = 1,000 \text{〔Ω〕}$
$= 10^3 \text{〔Ω〕}$

電源電圧の100〔V〕は，リアクタンスの計算に関係ないので，間違わないように注意すること．

解説 → 問11

電源の周波数をf〔Hz〕，コンデンサの静電容量をC〔F〕とすると，コンデンサのリアクタンスX_C〔Ω〕は，次式で表される．

$$X_C = \frac{1}{2\pi f C} \fallingdotseq \frac{0.16}{fC} = \frac{0.16}{60 \times 150 \times 10^{-6}} = \frac{0.16 \times 10^6}{9,000}$$
$$= \frac{160 \times 10^3}{9 \times 10^3} = \frac{160}{9} \fallingdotseq 18 \text{〔Ω〕}$$

$\dfrac{1}{2\pi} \fallingdotseq 0.16$を
覚えておくと計算が楽

μ（マイクロ）は，指数で表すと，$10^{-6} = \dfrac{1}{1,000,000}$

$$\frac{1}{10^{-6}} = \frac{1 \times 10^6}{10^{-6} \times 10^6} = 10^6 = 1,000,000$$

指数の数字はゼロの数を表す．

解説 → 問12

電源の周波数をf〔Hz〕，コンデンサの静電容量をC〔F〕とすると，コンデンサのリアクタンスX_C〔Ω〕は，次式で表される．

$$X_C = \frac{1}{2\pi f C} \fallingdotseq \frac{0.16}{fC} = \frac{0.16}{50 \times 160 \times 10^{-6}} = \frac{0.16 \times 10^6}{50 \times 160}$$
$$= \frac{160 \times 10^3}{50 \times 160} = \frac{1,000}{50} = 20 \text{〔Ω〕}$$

$\dfrac{1}{2\pi} \fallingdotseq 0.16$を
覚えておくと計算が楽

解答 問10→3　問11→4　問12→3

問 13

直列共振回路において，コイルのインダクタンスを一定にして，コンデンサの静電容量を1/4にすると，共振周波数は元の周波数の何倍になるか．

1　1/4倍　　　2　1/2倍　　　3　2倍　　　4　4倍

問 14

図に示す並列共振回路において，インピーダンスを Z，電流を i，共振回路内の電流を i_0 としたとき，共振時にこれらの値は概略どのようになるか．

	Z	i	i_0
1	最大	最小	最小
2	最大	最小	最大
3	最小	最小	最大
4	最小	最大	最大

R：抵抗

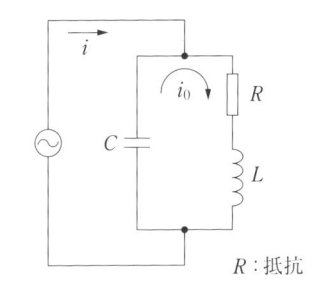

問 15

図に示す図記号で表される半導体素子の名称は，次のうちどれか．

1　ホトダイオード
2　トンネルダイオード
3　バラクタダイオード
4　ツェナーダイオード

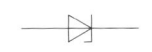

問 16

図に示す記号で表される半導体素子の名称は，次のうちどれか．

1　ホトダイオード
2　トンネルダイオード
3　ツェナーダイオード
4　バラクタダイオード

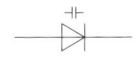

解説 → 問13

コイルのインダクタンスを L〔H〕, コンデンサの静電容量を C〔F〕とすると共振周波数 f_0〔Hz〕は, 次式で表される.

$$f_0 = \frac{1}{2\pi\sqrt{LC}} = \frac{1}{2\pi\sqrt{L}} \times \frac{1}{\sqrt{C}}$$

ここで, C を $1/4$ にすると,

$$\frac{1}{\sqrt{\frac{C}{4}}} = \sqrt{\frac{4}{C}} = \frac{\sqrt{2 \times 2}}{\sqrt{C}} = 2 \times \frac{1}{\sqrt{C}}$$

> ある同じ数を掛けると, a になる数を $\sqrt{a}$ で表す

このときの共振周波数を f_X〔Hz〕とすると,

$$f_X = 2 \times \frac{1}{2\pi\sqrt{L}} \times \frac{1}{\sqrt{C}} = 2 \times f_0 \text{〔Hz〕}$$

解説 → 問14

並列共振回路は, 共振時のインピーダンス Z は最大, 回路に外部から流れる電流 i は最小になる. また, 共振時にはコイルを流れる電流とコンデンサを流れる電流は, 大きさが同じで逆位相となる. コンデンサの電流を上向きとするとコイルの電流は下向きとなるので, 回路内を流れる電流 i_0 は同じ向きに流れて, 共振時に最大となる.

> 抵抗とリアクタンスを合成した値をインピーダンスという

解説 → 問15

ダイオードの図記号のうち, カソードが曲がっている記号がダイオードの特性を表している. この図記号は, 逆方向電圧を加えると, ある電圧で電流が急激に流れる特性を持つツェナーダイオードである.

> ▷ がアノード, | がカソードを表す. 順方向電流はアノードからカソードへ流れる

解説 → 問16

ダイオードの図記号のうち, コンデンサの記号がダイオードの特性を表している. この図記号は, 逆方向電圧を加えると, 加える電圧により, 静電容量が変化する特性を持つバラクタダイオードである. バラクタは, バリアブル(可変)リアクタンスのこと. リアクタンスは静電容量が交流で持つ値のこと.

解答 問13 → 3 　問14 → 2 　問15 → 4 　問16 → 4

問 17

図に示す記号で表される半導体素子の名称は，次のうちどれか．

1　バラクタダイオード
2　発光ダイオード
3　ホトダイオード
4　トンネルダイオード

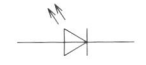

問 18

次の記述の□内に入れるべき字句の組合せで，正しいのはどれか．

(1) 加える電圧により，静電容量が変化することを利用するものは，　A　である．
(2) 逆方向電圧を加えると，ある電圧で電流が急激に流れ，電圧がほぼ一定となることを利用するものは，　B　ダイオードであり，図記号は　C　で表される．

(a)　　　(b)

	A	B	C
1	バリスタ	ツェナー	図(a)
2	バリスタ	トンネル	図(b)
3	バラクタダイオード	ツェナー	図(b)
4	バラクタダイオード	トンネル	図(a)

問 19

図に示す電界効果トランジスタ（FET）の電極aの名称は次のうちどれか．

1　ソース
2　ゲート
3　コレクタ
4　ドレイン

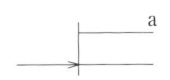

解説 →問17

ダイオードの図記号のうち，矢印の記号がダイオードの特性を表している．この図記号は，順方向電圧を加えると，光を発する特性を持つ発光ダイオード(LED)である．

解説 →問18

図(a)のダイオードの図記号のうち，コンデンサの記号がダイオードの特性を表している．この図記号は，逆方向電圧を加えると，加える電圧により，静電容量が変化する特性を持つバラクタダイオードである．バラクタは，バリアブル(可変)リアクタンスのこと．リアクタンスは静電容量が交流で持つ値のこと．

図(b)のダイオードの図記号のうち，カソードが曲がっている記号がダイオードの特性を表している．この図記号は，逆方向電圧を加えると，ある電圧で電流が急激に流れる特性を持つツェナーダイオードである．ツェナーダイオードは，逆方向電流が流れるときの電圧がほぼ一定だから，その特性を利用して定電圧回路に用いられる．

解説 →問19

解説図にFETの図記号と各電極の名称を示す．

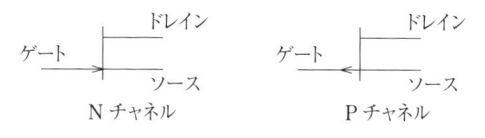

接合形FET

問題の図のFETは，Nチャネル接合形FETである．N形半導体で構成されたチャネルにP形半導体のゲートを接合した構造を持ち，図の電極のうちソースとゲート間の電圧をわずかに変化させると，ソースとドレイン間の電流を大きく変化させることができる．この特性を利用して増幅回路などに用いられる．

解答 問17→2 問18→3 問19→4

問題

問 20

図に示す電界効果トランジスタ(FET)の電極aの名称は，次のうちどれか．

1　ゲート
2　コレクタ
3　ソース
4　ドレイン

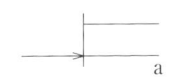

問 21

次の記述の □ 内に入れるべき字句の組合せで，正しいのはどれか．

電界効果トランジスタ(FET)の電極名を接合形トランジスタの電極名と対比すると，ソースは A に，ドレインは B に，ゲートは C に相当する．

	A	B	C
1	ベース	エミッタ	コレクタ
2	ベース	コレクタ	エミッタ
3	コレクタ	エミッタ	ベース
4	エミッタ	コレクタ	ベース

問 22

図に示す電界効果トランジスタ(エンハンスメント形MOSFET)において，電極aの名称はどれか．

1　ソース
2　ゲート
3　ドレイン
4　コレクタ

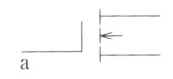

解説 ➔ 問20

解説図に FET の図記号と各電極の名称を示す.

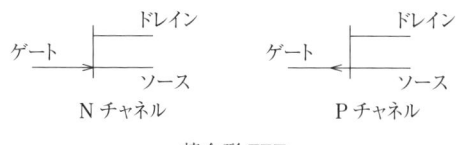

```
      ドレイン              ドレイン
ゲート ─┤                ゲート ─┤
      ソース                ソース
   N チャネル              P チャネル
          接合形 FET
```

矢印がゲート, 矢印とつながっているのがソース, 矢印がないのがドレイン

解説 ➔ 問21

解説図に NPN 形トランジスタの図記号と各電極の名称を示す.

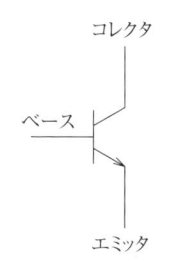

```
           コレクタ
ベース ──┤
           エミッタ
```

真ん中がベース, 矢印がないのがコレクタ, 矢印がエミッタ

接合形トランジスタの各電極と対応する FET の電極は, コレクタとドレイン, ベースとゲート, エミッタとソースである.

解説 ➔ 問22

解説図に N チャネルと P チャネルのエンハンスメント形 MOSFET の図記号と各電極の名称を示す. MOS (モス) は金属酸化膜, エンハンスメント形は増加形のこと.

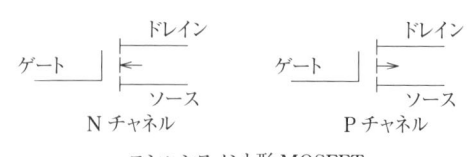

```
      ドレイン              ドレイン
ゲート ─┤ ←           ゲート ─┤ →
      ソース                ソース
   N チャネル              P チャネル
        エンハンスメント形 MOSFET
```

解答 問20➔3　問21➔4　問22➔2

問題

問 23

図に示す電界効果トランジスタ（FET）の名称はどれか．

1　エンハンスメント形Nチャネル MOSFET
2　エンハンスメント形Pチャネル MOSFET
3　デプレッション形Nチャネル MOSFET
4　デプレッション形Pチャネル MOSFET

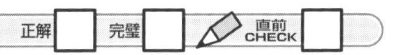

問 24

電界効果トランジスタを一般の接合形トランジスタと比べた場合で，正しいのはどれか．

1　電流制御のトランジスタである．
2　高周波特性が優れている．
3　入力インピーダンスが低い．
4　内部雑音は大きい．

問 25

電界効果トランジスタを一般の接合形トランジスタと比べた場合で，誤っているのはどれか．

1　電圧制御のトランジスタである．
2　入力インピーダンスが高い．
3　高周波特性が優れている．
4　内部雑音は大きい．

解説 → 問23

問題の図のFETはエンハンスメント形NチャネルMOSFETである.

FETの内部で電流が流れる部分をチャネルという．矢印はP形とN形の半導体に電流が流れる向きを表すので，外からチャネル側を向いた矢印が付いているときは，チャネルに電流が流れ込む向きだからNチャネル形．チャネルから外向きの矢印が付いているときはPチャネル形である．

エンハンスメント(増加)形は，ゲート電圧を増加させるとドレイン電流が増加する．デプレッション(減少)形は，ゲート電圧を増加させるとドレイン電流が減少する．解説図はデプレッション形MOSFETの図記号と各電極の名称である．

```
        ドレイン                ドレイン
ゲート──┤←──           ゲート──┤──→
        ソース                  ソース
      Nチャネル                Pチャネル
       デプレッション形 MOSFET
```

> 記号の線が切れているのがエンハンスメント形，つながっているのがデプレッション形

解説 → 問24

電界効果トランジスタは，入力インピーダンスが高い．

電界効果トランジスタ(FET)は，一般の接合形トランジスタと比べて次の特徴がある．
① 電圧制御形である．
② 入力インピーダンスが高い．
③ 高周波特性が優れている．
④ 内部雑音が小さい．

一般のトランジスタは，エミッタとベース間の電流をわずかに変化させると，エミッタとコレクタの間の電流を大きく変化させることができるので，電流制御形である．FETは，ソースとゲート間の電圧をわずかに変化させると，ソースとドレイン間の電流を大きく変化させることができるので，電圧制御形である．

解説 → 問25

電界効果トランジスタの内部雑音は小さい．

解答 問23→1　問24→2　問25→4

問 26

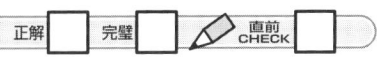

図に示すトランジスタ増幅器（A級増幅器）において，ベース・エミッタ間と，コレクタ・エミッタ間に加える電源の極性の組合せで，正しいのは次のうちどれか．

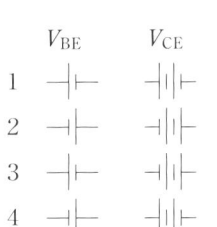

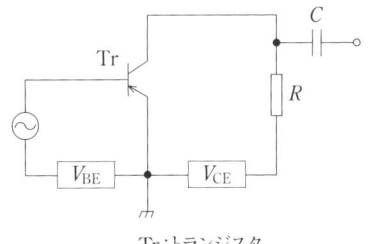

	V_{BE}	V_{CE}
1	ー∣ー	ー∣∣∣ー
2	ー∣ー	ー∣∣∣ー
3	ー∣ー	ー∣∣∣ー
4	ー∣ー	ー∣∣∣ー

Tr：トランジスタ
R：抵抗

問 27

図に示すトランジスタ増幅器（A級増幅器）において，ベース・エミッタ間と，コレクタ・エミッタ間に加える電源の極性の組合せで，正しいのは次のうちどれか．

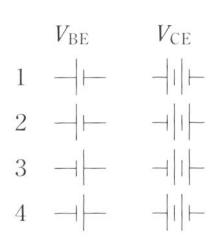

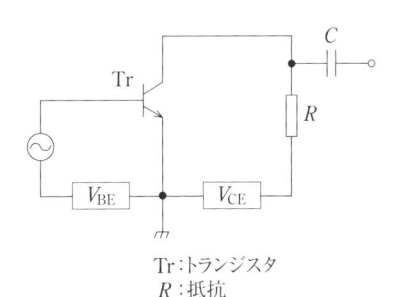

	V_{BE}	V_{CE}
1	ー∣ー	ー∣∣∣ー
2	ー∣ー	ー∣∣∣ー
3	ー∣ー	ー∣∣∣ー
4	ー∣ー	ー∣∣∣ー

Tr：トランジスタ
R：抵抗

問 28

次の記述の□内に入れるべき字句の組合せで，正しいのはどれか．

図の回路は A 形トランジスタを用いて， B を共通端子として接地した増幅回路の一例である．この回路は，出力側から入力側への C が少なく，高周波増幅に適している．

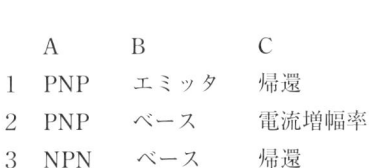

	A	B	C
1	PNP	エミッタ	帰還
2	PNP	ベース	電流増幅率
3	NPN	ベース	帰還
4	NPN	エミッタ	電流増幅率

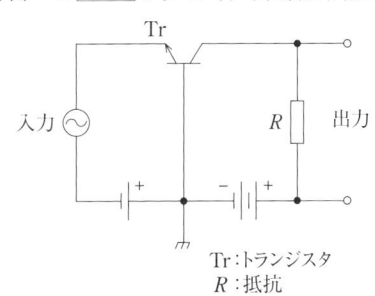

Tr：トランジスタ
R：抵抗

解説 ➜ 問26

問題の図のトランジスタは，PNP形トランジスタである．ベース・エミッタ間は順方向電圧，コレクタ・エミッタ間は逆方向電圧を加える．トランジスタのベース・エミッタ間は矢印の方向に電流が流れるので，V_{BE} はベース側が − の極性が順方向電圧である．ベース・コレクタ間もベースに −，コレクタに + の極性が順方向なので，逆方向電圧の V_{CE} はコレクタが − の極性である．

> 電池の極性は長い方の記号が + である

解説 ➜ 問27

問題の図のトランジスタは，NPN形トランジスタである．ベース・エミッタ間は順方向電圧，コレクタ・エミッタ間は逆方向電圧を加える．トランジスタのベース・エミッタ間は矢印の方向に電流が流れるので，V_{BE} はベース側が + の極性が順方向電圧である．ベース・コレクタ間もベースに +，コレクタに − の極性が順方向なので，逆方向電圧の V_{CE} はコレクタが + の極性である．

解説 ➜ 問28

問題の図は NPN トランジスタだから，ベース・エミッタ間は，ベース側が + の極性の順方向電圧を加えている．ベース・コレクタ間はベースに −，コレクタに + の逆方向電圧を加えている．

問題の図は，ベースを共通電極としたベース接地増幅回路である．ベース接地増幅回路の特徴を次に示す．

① 入力インピーダンスが低い．
② 出力インピーダンスが高い．
③ 出力から入力の帰還が少ない．
④ 高周波増幅に適している．

解答 問26 ➜ 4 問27 ➜ 2 問28 ➜ 3

問 29

次の記述は，図に示すトランジスタ増幅回路について述べたものである．☐内に入れるべき字句の組合せで，正しいのはどれか．

(1) ☐A☐ 接地増幅回路である．
(2) 一般に他の接地方式の増幅回路に比べて，☐B☐ インピーダンスは高く，☐C☐ インピーダンスは低い．

	A	B	C
1	コレクタ	出力	入力
2	コレクタ	入力	出力
3	エミッタ	出力	入力
4	エミッタ	入力	出力

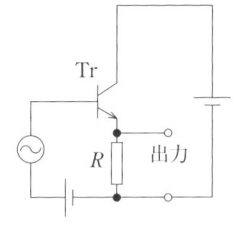

Tr：トランジスタ
R：抵抗

問 30

図は，トランジスタ増幅器の $V_{BE} - I_C$ 特性曲線の一例である．特性の点Pを動作点とする増幅方式は，次のうちどれか．

1　A級増幅
2　B級増幅
3　C級増幅
4　AB級増幅

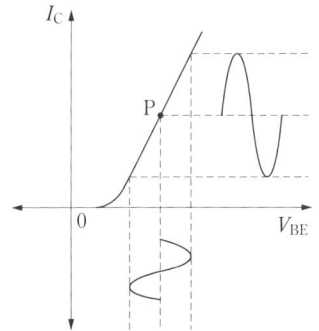

📖 解説 ➡ 問29

　入力と出力で共通に使用する電極が接地方式である．交流増幅回路では，直流電源は無視してつながっていると考える．入力と出力の共通端子はコレクタとなるのでコレクタ接地である．

📖 解説 ➡ 問30

　問題の図の回路は，入力信号が無いときでもコレクタ電流が流れるので，A級増幅器である．

> **関連知識：** 各級増幅回路の特徴
>
> 　交流入力信号は正負に極性が変化するので，トランジスタ増幅回路で交流信号電圧の負の半周期を増幅するために，入力信号電圧に直流電圧を加えてベース電圧とする．このとき加える電圧のことをバイアス電圧という．この動作点の位置によって増幅回路はA級，B級，C級の3種類の動作がある．A級増幅回路は，ベースとエミッタ間には順方向のバイアス電圧を加え，入力信号波形の全周期を増幅する．B級増幅回路は入力信号波形の正の半周期を増幅する．
>
> | 動作点 | コレクタ電流 | 効率 | ひずみ | 用　　途 |
> |---|---|---|---|---|
> | A級 | 入力信号の無いときでも流れる | 悪い | 少ない | 低周波増幅，高周波増幅（小信号用） |
> | B級 | 入力信号波形の半周期のみ流れる | 中位 | 中位 | 低周波増幅（プッシュプル用），高周波増幅 |
> | C級 | 入力信号波形の一部の時間のみ流れる | 良い | 多い | 高周波増幅（周波数逓倍，電力増幅用） |

解答 問29➡2　問30➡1

問 31

図は，トランジスタ増幅器の $V_{BE} - I_C$ 特性曲線の一例である．特性の点Pを動作点とする増幅方式は，次のうちどれか．

1　A級増幅
2　B級増幅
3　C級増幅
4　AB級増幅

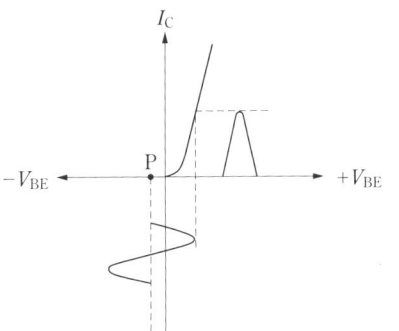

問 32

図に示すNチャネルFET増幅回路において，ゲート側およびドレイン側電源の極性の組合せで，正しいのは次のうちどれか．ただし，A級増幅回路とする．

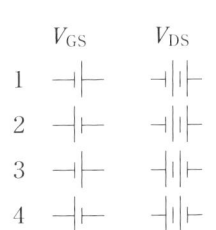

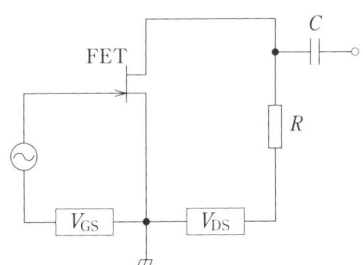

V_{GS}　V_{DS}

R：抵抗

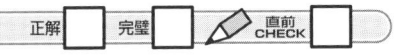

問 33

図に示す発振回路の原理図の名称として，正しいのは次のうちどれか．

1　ハートレー発振回路
2　コルピッツ発振回路
3　ピアースBE水晶発振回路
4　無調整水晶発振回路

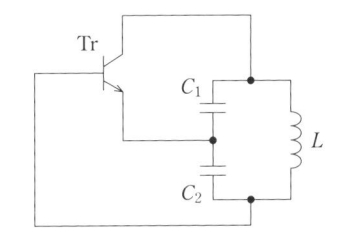

Tr：トランジスタ

解説 → 問31

問題の図の回路は，トランジスタ増幅回路のベース電圧 V_{BE} に逆方向にバイアス電圧を加えている．入力信号波形の周期の一部が増幅されて，コレクタ電流 I_C となるのでC級増幅である．

解説 → 問32

NチャネルFET増幅回路のバイアス電圧は，ゲート・ソース間は逆方向電圧，ゲート・ドレイン間も逆方向電圧を加える．ゲートの矢印の方向が順方向を表すので，V_{GS} はゲート側が−の極性でソースが＋の極性の電圧である．ゲート・ドレイン間もゲートの−の極性に対して逆方向となる＋の電圧をドレインに加えるので，V_{DS} はドレインが＋，ソースが−の極性となる．

解説 → 問33

問題の図の回路は，コルピッツ発振回路である．ハートレー発振回路も LC 共振回路を用いるが，ハートレー発振回路はコイルを二つ直列に接続しコンデンサは一つで構成される．

> **関連知識：発振回路**
> 一定の振幅の信号電圧を継続して作り出す回路を発振回路と呼び，送信機の搬送波を発生させる回路などに用いられる．発振回路には自励発振回路と水晶発振回路がある．コルピッツ発振回路やハートレー発振回路は，自励発振回路である．自励発振回路の発振周波数は，共振回路を構成するコンデンサ C とコイル L との共振周波数で決まるので，可変容量コンデンサによって，静電容量 C の値を変化させれば発振周波数を変化させることができる．水晶発振回路は水晶振動子によって発振周波数が決まるので，周波数を変化させることができないが，外部の温度などの影響が少なく，発振周波数が安定な発振回路を作ることができる．

解答 問31→3　問32→1　問33→2

問 34

図は，振幅が20〔V〕の搬送波を単一正弦波で振幅変調した波形をオシロスコープで測定したものである．変調度は幾いくらか．

1　66.7〔%〕
2　50.0〔%〕
3　33.3〔%〕
4　20.0〔%〕

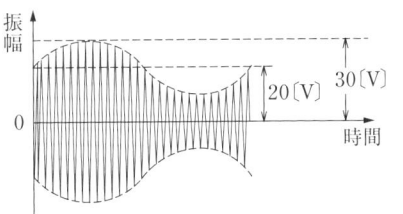

問 35

図は，単一正弦波で振幅変調した波形をオシロスコープで測定したものである．変調度は幾らか．

1　75〔%〕
2　60〔%〕
3　40〔%〕
4　25〔%〕

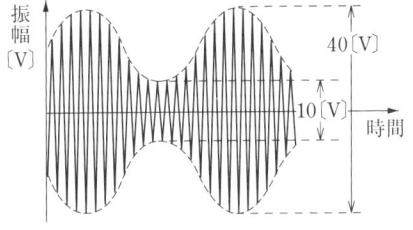

問 36

SSB（J3E）電波の周波数成分を表した図は，次のうちどれか．ただし，点線は搬送波成分がないことを示す．

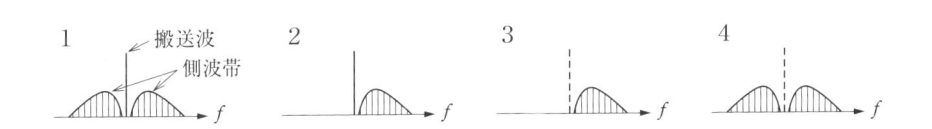

解説 → 問34

搬送波の振幅を $C = 20$ [V], 最大振幅を $A = 30$ [V] とすると, 信号波の振幅 S [V] は次式で表される.

$S = A - C = 30 - 20 = 10$ [V]

したがって, 変調度 M [%] は,

$M = \dfrac{S}{C} \times 100 = \dfrac{10}{20} \times 100 = 50$ [%]

解説 → 問35

最大振幅を $A = 40/2 = 20$ [V], 最小振幅を $B = 10/2 = 5$ [V] とすると, 搬送波の振幅 C [V] はこれらの平均レベルだから, 次式によって求めることができる.

$C = \dfrac{A + B}{2} = \dfrac{20 + 5}{2} = 12.5$ [V]

信号波の振幅 S [V] は, 次式によって求めることができる.

$S = \dfrac{A - B}{2} = \dfrac{20 - 5}{2} = 7.5$ [V]

したがって, 変調度 M [%] は,

$M = \dfrac{S}{C} \times 100 = \dfrac{7.5}{12.5} \times 100 = 60$ [%]

解説 → 問36

各選択肢の電波型式の記号と周波数成分は,

1. DSB (A3E): 振幅変調の両側波帯
2. SSB (H3E): 振幅変調の単側波帯で全搬送波
3. SSB (J3E): 振幅変調の単側波帯で抑圧搬送波
4. DSB: 振幅変調の両側波帯で平衡変調器の出力波

SSBは, Single (シングル / 単)
SideBand (サイドバンド / 側波帯)
DSBは, Double (ダブル / 両)
SideBand (サイドバンド / 側波帯)

解答 問34 → 2 問35 → 2 問36 → 3

出題傾向

問34 搬送波の振幅 $C = 10$ [V], 最大振幅 $A = 15$ [V] の問題も出題されている.
答えは同じ $M = 50$ [%] である.
$C = 40$ [V], $A = 60$ [V] の問題も出題されている.
答えは同じ $M = 50$ [%] である.
$C = 60$ [V], $A = 90$ [V] の問題も出題されている.
答えは同じ $M = 50$ [%] である.

問題

問 37 解説あり！ 正解 □ 完璧 □ 直前CHECK □

図に示すSSB（J3E）送信機のリング変調回路において，搬送波を加える端子と出力に現れる電流の周波数との組合せで，正しいのは次のうちどれか．

ただし，搬送波の周波数を f_c，変調入力信号の周波数を f_s とする．

	搬送波 (f_c) を加える端子	出力の電流の周波数
1	a　b	$f_c + f_s$
2	a　b	$f_c \pm f_s$
3	c　d	$f_c \pm f_s$
4	c　d	$f_c + f_s$

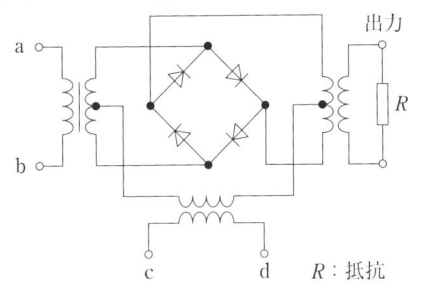

R：抵抗

問 38 解説あり！ 正解 □ 完璧 □ 直前CHECK □

周波数 f_s の信号入力と，周波数 f_0 の局部発振器の出力を周波数混合器で混合したとき，出力側に流れる電流の周波数は，次のうちどれか．

1　$f_s \cdot f_0$　　2　$f_s \pm f_0$　　3　$\dfrac{f_s + f_0}{2}$　　4　$\dfrac{f_s}{f_0}$

問 39 解説あり！ 正解 □ 完璧 □ 直前CHECK □

図に示すリング変調回路において，音声による変調入力信号を加える端子と出力に現れる電流の周波数との組合せで，正しいのは次のうちどれか．

ただし，搬送波の周波数を f_c，変調入力信号の周波数を f_s とする．

	変調入力信号 (f_s) を加える端子	出力の電流の周波数
1	a　b	$f_c + f_s$
2	a　b	$f_c \pm f_s$
3	c　d	$f_c \pm f_s$
4	c　d	$f_c + f_s$

R：抵抗

解説 → 問37

SSB（J3E）送信機では，平衡変調器と帯域フィルタによって，SSB波を発生させる．問題の図の回路は平衡変調器として用いられるリング変調回路である．

変調入力信号をab間に加えて，搬送波をcd間に加えると，搬送波の極性が正負に変化したとき，対辺に配置されたダイオードが交互にONとOFFとなることによって，搬送波が信号波で平衡変調された出力電流が現れる．

平衡変調回路の出力電流の周波数は，搬送波の周波数をf_c，信号波の周波数をf_sとすると，解説図のようにf_c+f_sおよびf_c-f_sの側波が出力され，搬送波f_cは出力トランスに平衡に加わるので，抑圧されて出力には現れない．

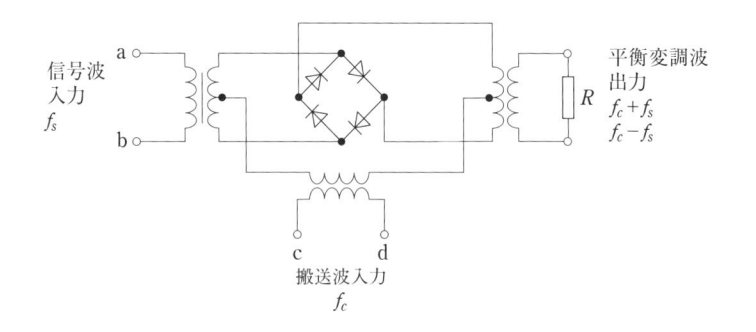

信号波入力 f_s — a, b
搬送波入力 f_c — c, d
平衡変調波出力 R　f_c+f_s　f_c-f_s

解説 → 問38

周波数混合器は，信号入力と局部発振器の出力を混合して信号入力周波数を他の周波数に変換することができる．周波数f_sの信号入力と，周波数f_0の局部発振器の出力を周波数混合器で混合すると，出力周波数fは，

$f=f_s+f_0$　　および　　$f=f_s-f_0$となる．

> 局部発振器の周波数f_0より信号波の周波数f_sが低い（$f_0>f_s$）ときは，
> $f=f_0 \pm f_s$
> となる

解説 → 問39

問題の図の回路は平衡変調器として用いられるリング変調回路である．変調入力信号を加える端子はab間，出力の電流の周波数は，$f_c \pm f_s$である．

解答 問37→3　問38→2　問39→2

問 40

直線検波回路の特性についての説明で，正しいのはどれか.

1　入力が大きくなると，出力は入力に比例して大きくなる.
2　入力がある値を超えると出力は一定になる.
3　入力が大きくなるとひずみが多くなる.
4　入力電圧の振幅の変化を周波数に変化に変える.

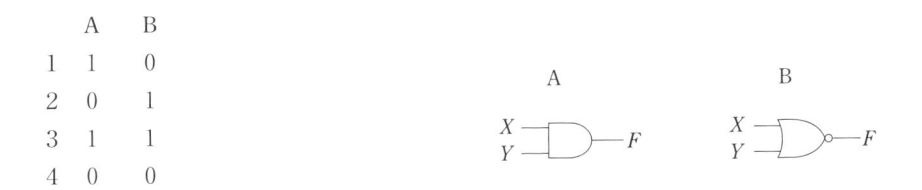

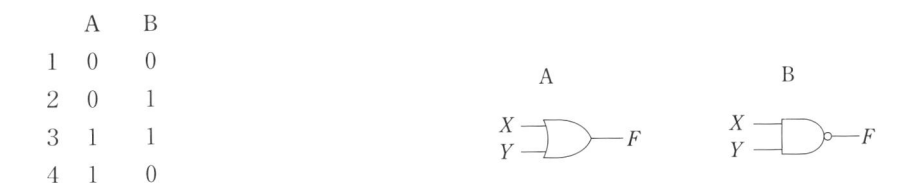

問 41

図に示すA，Bの論理回路に$X=1$，$Y=1$の入力を加えたとき，論理回路の出力Fの組合せで，正しいのは次のうちどれか.

	A	B
1	1	0
2	0	1
3	1	1
4	0	0

問 42

図に示すA，Bの論理回路に$X=1$，$Y=1$の入力を加えたとき，論理回路の出力Fの組合せで，正しいのは次のうちどれか.

	A	B
1	0	0
2	0	1
3	1	1
4	1	0

解説 → 問40

　直線検波回路は，入力電圧が大きいとき，入力電圧対出力電圧の関係が直線的な特性を持っている．
　入力が大きくなると，出力は入力に比例して大きくなる．

> 出力波形が入力波形と異なることをひずみという

解説 → 問41

　解説図に基本論理回路のシンボルと入力と出力の状態を表した真理値表を示す．
　AはAND回路だから，$X=1$，$Y=1$のときのみ$F=1$になる．BはNOR回路なので，$X=0$，$Y=0$のときのみ$F=1$，だから$X=1$，$Y=1$のときは$F=0$になる．

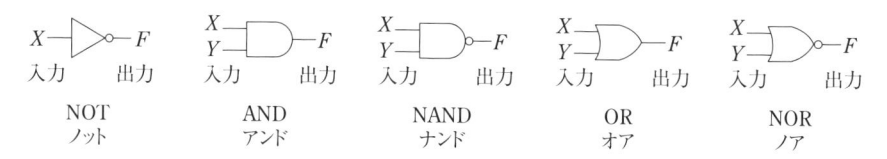

入力		出力 F				
X	Y	NOT	AND	NAND	OR	NOR
0	0	1	0	1	0	1
0	1	1	0	1	1	0
1	0	0	0	1	1	0
1	1	0	1	0	1	0
論理式		$\overline{X}=F$	$X \cdot Y=F$	$\overline{X \cdot Y}=F$	$X+Y=F$	$\overline{X+Y}=F$

真理値表

「￣」否定　「＋」和　「・」積　NOTのY入力はない．

解説 → 問42

　AはOR回路だから，$X=1$，$Y=1$あるいはどちらかが1のとき$F=1$になる．BはNAND回路だから，$X=1$，$Y=1$のときのみ$F=0$になる．

解答　問40→1　問41→1　問42→4

問 43

図に示すA，Bの論理回路に$X=1$，$Y=0$の入力を加えたとき，論理回路の出力Fの組合せで，正しいのは次のうちどれか．

	A	B
1	0	0
2	0	1
3	1	1
4	1	0

A：NAND回路（$X, Y \to F$）
B：OR回路（$X, Y \to F$）

問 44

次の真理値表の論理回路の名称として，正しいものはどれか．

1　AND回路
2　NOR回路
3　OR回路
4　NAND回路

入力X	入力Y	出力
0	0	1
0	1	0
1	0	0
1	1	0

問 45

送信機の回路において，緩衝増幅器の配置で，最も適切なのは次のうちどれか．

1　周波数逓倍器と励振増幅器の間
2　励振増幅器と電力増幅器の間
3　音声増幅器の次段
4　発振器の次段

解説 → 問43

AはNAND回路だから，$X=1$，$Y=1$のときのみ$F=0$となるので，$X=1$，$Y=0$のときは$F=1$になる．BはOR回路だから，$X=1$，$Y=0$のときは$F=1$になる．

解説 → 問44

$X=1$，$Y=1$あるいはどちらかが1のとき$F=0$だからOR回路の否定回路となるので，NOR回路である．

解説 → 問45

解説図にDSB（A3E）送信機の構成図を示す．緩衝増幅器は，発振器が後段の影響を受けて，その発振周波数が変動するのを防ぐために用いられるので，発振器の次段に配置される．

緩衝は，影響を和らげるという意味

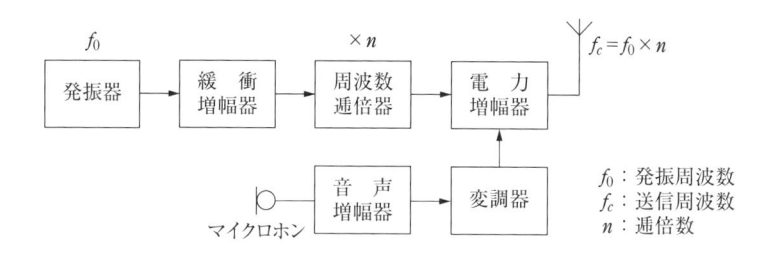

f_0：発振周波数
f_c：送信周波数
n：逓倍数

解答 問43→3　問44→2　問45→4

問 46

電信（A1A）送信機において，電けんを押すと送信状態となり，電けんを離すと受信状態となる電けん操作は，何と呼ばれているか．

1 同時送受信方式　　2 ブレークイン方式　　3 PTT方式　　4 VFO方式

問 47

次の記述の〔　　〕内に入れるべき字句の組合せで，正しいのはどれか．

送信機に用いられる周波数逓倍器は，一般にひずみの〔 A 〕C級増幅回路が用いられ，その出力に含まれる〔 B 〕成分を取り出すことにより，基本周波数の整数倍の周波数を得る．

	A	B
1	小さい	低調波
2	小さい	高調波
3	大きい	低調波
4	大きい	高調波

問 48

電信送信機において出力波形が概略以下の図のようになる原因は，次のうちどれか．

1 電源のリプルが大きい．
2 電けん回路のリレーにチャタリングが生じている．
3 キークリックが生じている．
4 寄生振動が生じている．

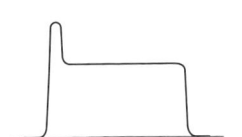

解説 → 問46

電けんを押すと送信状態になって，電けんを離すと受信状態になる電けん操作は，ブレークイン方式という．

プレストークボタン（PTTスイッチ）によって送受信を切り替える方式はPTT方式，電波の周波数を連続して変化することができる方式がVFO方式である．

> ブレークインは電けんを操作している間でも，相手局からの電波を受信することができるという意味

解説 → 問47

周波数逓倍器は，送信機の緩衝増幅器と電力増幅器の間に設けられて，発振器の周波数より高い周波数を得るときに，発振周波数を整数倍にする回路である．

ひずみの大きいC級増幅回路は，出力に入力基本周波数の2倍，3倍…の高調波成分が現れる．その出力に含まれる高調波成分のうちから必要とする周波数成分を同調回路で取り出すことで，基本周波数の整数倍の周波数を得る．

> 高調波は，2倍，3倍等の周波数のこと．低調波は，1/2，1/3等の周波数のこと

解説 → 問48

問題の図のように，電信波形の立ち上がりが大きく飛び出す波形は，キークリックによるものである．

キークリックは，電けんを閉じたときに接点の火花などの不具合によって発生する．

解答 問46→2　問47→4　問48→3

問題

問 49 解説あり！　正解　完璧　直前CHECK

電信送信機において，出力波形が概略以下の図のようになる原因は，次のうちどれか．

1　電源のリプルが大きい．
2　電けん回路のリレーにチャタリングが生じている．
3　寄生振動が生じている．
4　キークリックが生じている．

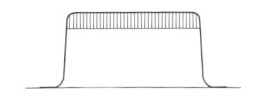

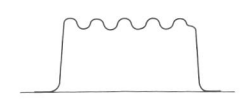

問 50 解説あり！　正解　完璧　直前CHECK

電信送信機の出力の異常波形とその原因とが正しく対応しているのはどれか．

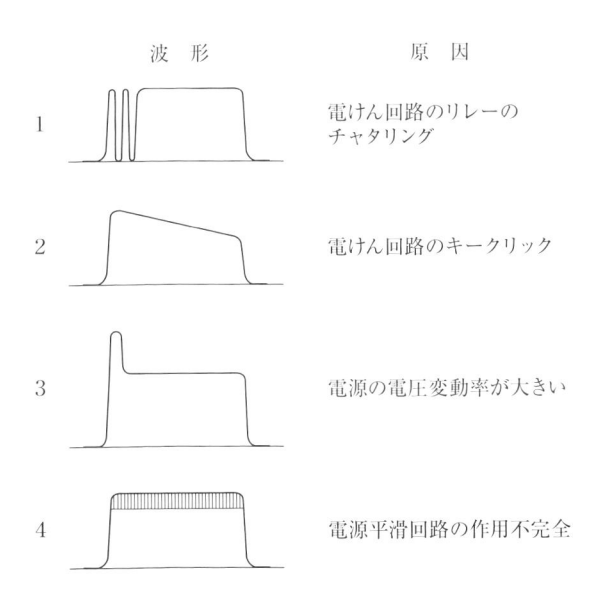

波　形　　　　　　　　原　因

1　　　　　　　　　電けん回路のリレーの
　　　　　　　　　　チャタリング

2　　　　　　　　　電けん回路のキークリック

3　　　　　　　　　電源の電圧変動率が大きい

4　　　　　　　　　電源平滑回路の作用不完全

問 51 解説あり！　正解　完璧　直前CHECK

電信送信機において，出力波形が概略以下の図のようになる原因は，次のうちどれか．

1　電源のリプルが大きい．
2　電けん回路のリレーにチャタリングが生じている．
3　寄生振動が生じている．
4　キークリックが生じている．

解説 → 問49

問題の図のように，電信波形に高い周波数成分の振幅が含まれている波形は，送信電波に含まれる寄生振動によるものである．

解説 → 問50

誤っている選択肢を正しい原因にすると次のようになる．
2　電源の電圧変動率が大きい．
3　電けん回路のキークリック
4　寄生振動が生じている．

電信波形は，電けん操作で断続された搬送波を検波して，その波形をオシロスコープによって観測したものである．

解説 → 問51

問題の図のように，電信波形に低い周波数成分の振幅が含まれている波形は，電源のリプルが大きいからである．

電源平滑回路の作用が不完全だと，電源のリプルが大きくなる

解答 問49→3　問50→1　問51→1

問 52

電信送信機において，出力波形が概略以下の図のようになる原因は，次のうちどれか．

1　電源電圧の変動率が大きい
2　電源平滑回路の作用不完全
3　電けん回路のキークリック
4　電けん回路のリレーのチャタリング

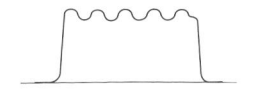

問 53

電信送信機の出力の異常波形とその原因とが正しく対応しているのはどれか．

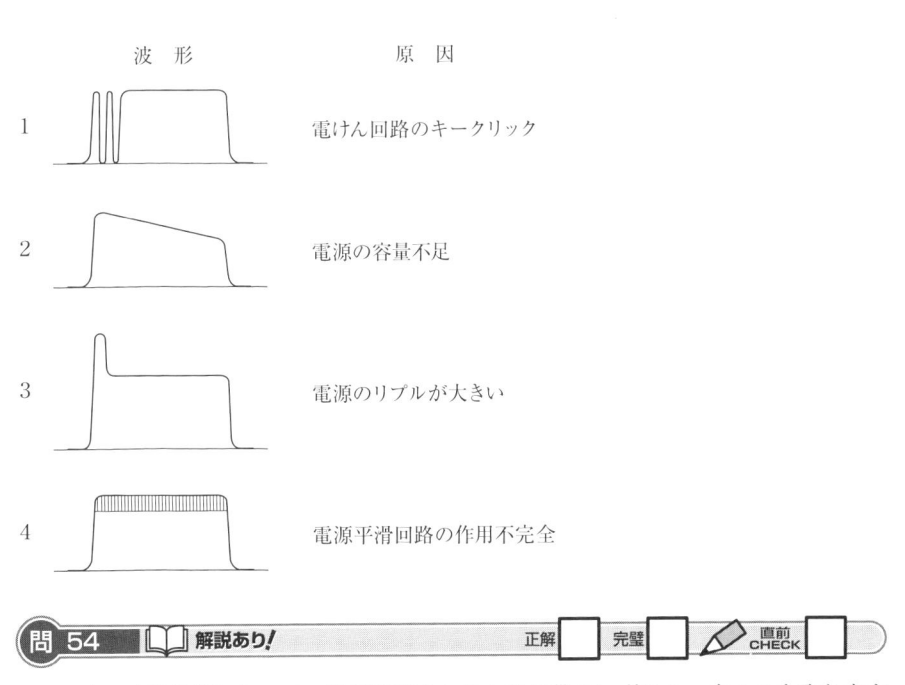

波形　　　　　　　原因

1　　　　　　　　電けん回路のキークリック

2　　　　　　　　電源の容量不足

3　　　　　　　　電源のリプルが大きい

4　　　　　　　　電源平滑回路の作用不完全

問 54

SSB（J3E）送信機において，下側波帯または上側波帯のいずれか一方のみを取り出す目的で設けるものは，次のうちどれか．

1　周波数混合器
2　帯域フィルタ（BPF）
3　平衡変調器
4　周波数逓倍器

解説 ➜ 問52

問題の図のように，電信波形に低い周波数成分の振幅が含まれている波形は，電源平滑回路の作用が不完全なためで，電信波形は電源のリプルにより変化する．

解説 ➜ 問53

誤っている選択肢を正しい原因にすると次のようになる．
1　電けん回路のリレーのチャタリング
3　電けん回路のキークリック
4　寄生振動が生じている．

正しい選択肢は電源の容量不足である．電源の容量不足になると電源電圧の変動率が大きくなり，電信波形は時間と共に低下する．

解説 ➜ 問54

解説図にSSBを発生する回路構成を示す．平衡変調されたDSB波から上側波帯または下側波帯のいずれか一方のみを取り出す回路は帯域フィルタ（BPF）である．

BPFは，Band（バンド／帯域）Pass（パス／通過）Filter（フィルタ／ろ波器）のこと

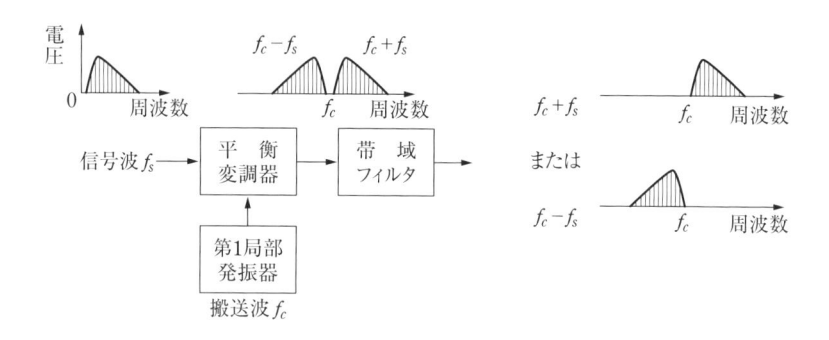

解答　問52→2　　問53→2　　問54→2

48

問 55

図は，SSB（J3E）送信機の原理的な構成例を示したものである．空欄の部分の名称の組合せで，正しいのは次のうちどれか．

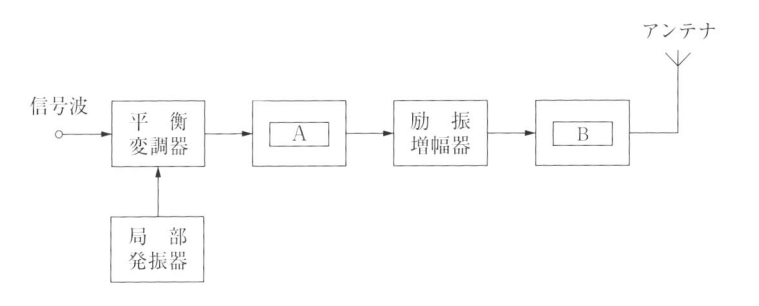

```
信号波 → 平衡変調器 → [A] → 励振増幅器 → [B] → アンテナ
                ↑
              局部発振器
```

	A	B
1	緩衝増幅器	周波数逓倍器
2	緩衝増幅器	電力増幅器
3	帯域フィルタ（BPF）	周波数逓倍器
4	帯域フィルタ（BPF）	電力増幅器

問 56

次の記述の 内に入れるべき字句の組合せで，正しいのはどれか．

SSB（J3E）送信機の動作において，音声信号波と第1局部発振器で作られた第1副搬送波を A に加えると，上側波帯と下側波帯が生ずる．この両側波帯のうち一方の側波帯を B で取り出して，中間周波数のSSB波を作る．

	A	B
1	周波数逓倍器	帯域フィルタ（BPF）
2	周波数逓倍器	周波数弁別器
3	平衡変調器	周波数弁別器
4	平衡変調器	帯域フィルタ（BPF）

解説 → 問55

　SSB（J3E）送信機の構成を解説図に示す．問題の図の構成例では，周波数混合器，第2局部発振器，ALCが省略されている．

　帯域フィルタ（BPF）は，平衡変調されたDSB波から上側波帯または下側波帯のいずれか一方のみを取り出す回路である．

　電力増幅器は，アンテナから放射するために必要とする電力に増幅する回路である．

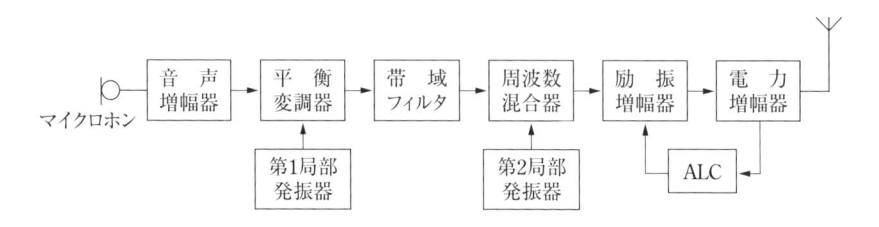

```
マイクロホン─[音声増幅器]─[平衡変調器]─[帯域フィルタ]─[周波数混合器]─[励振増幅器]─[電力増幅器]─アンテナ
                              │                    │              │
                        [第1局部発振器]      [第2局部発振器]     [ALC]
```

解説 → 問56

　SSB（J3E）送信機で用いられる平衡変調器は，第1副搬送波が抑圧された（おさえられた）振幅変調波を作り出す回路である．平衡変調器の出力は上側波帯と下側波帯が生じる．この両側波帯のうちいずれか一方の側波帯を取り出す回路は，帯域フィルタ（BPF）である．

　周波数逓倍器はSSB送信機には用いられない．周波数弁別器はFM受信機に用いられる．

解答　問55→4　問56→4

問題

問 57

SSB（J3E）送信機の構成および各部の働きで，誤っているのは次のうちどれか．

1. 送信出力波形のひずみを軽減するため，ALC 回路を設けている．
2. 平衡変調器を設けて，搬送波を除去している．
3. 不要な側波帯を除去するため，帯域フィルタ（BPF）を設けている．
4. 変調波を周波数逓倍器に加えて所要の周波数を得ている．

問 58

図は，間接 FM 方式の FM（F3E）送信機の原理的な構成例を示したものである．空欄の部分に入れるべき名称の組合せで，正しいのは次のうちどれか．

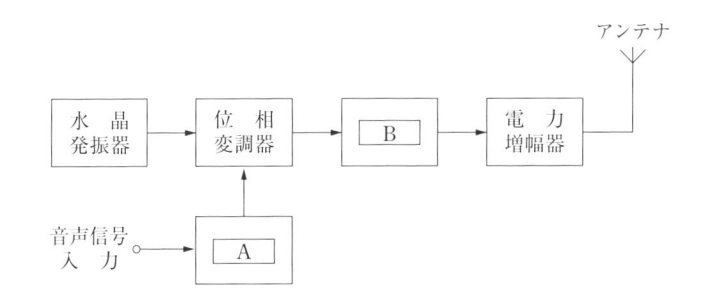

```
水晶発振器 → 位相変調器 → [ B ] → 電力増幅器 → アンテナ
                ↑
音声信号入力 → [ A ]
```

	A	B
1	ALC 回路	周波数逓倍器
2	ALC 回路	検波器
3	IDC 回路	検波器
4	IDC 回路	周波数逓倍器

問 59

間接 FM 方式の FM（F3E）送信機に使用されていないのは，次のうちどれか．

1. 水晶発振器
2. IDC 回路
3. 周波数逓倍器
4. 平衡変調器

解説 → 問57

誤っている選択肢を正しくすると次のようになる.
4 変調波と局部発振器の出力を周波数混合器に加えて所要の周波数を得ている.

関連知識：DSB送信機は周波数逓倍した後段で変調するので，変調前の搬送波を所要の周波数とするために，ひずみの多い周波数逓倍器を用いることができる．SSB送信機では，SSB波に周波数逓倍器を用いると変調された搬送波の信号成分にひずみが増加するので用いることはできない．

解説 → 問58

FM（F3E）送信機の構成では，IDC回路の出力を位相変調器に加えて，周波数変調波の出力を得る．周波数変調波は周波数逓倍器によって，整数倍の周波数となり周波数偏移も整数倍となる．電力増幅器はアンテナから放射するために必要とする電力に増幅する．

周波数逓倍器は，ひずみの多いC級増幅を使って入力周波数の整数倍の出力周波数を得る

ALC回路は，Automatic（オートマチック/自動）Level（レベル/振幅）Control（コントロール/制御）のこと．SSB送信機で用いられる．

解説 → 問59

FM（F3E）送信機に使用されないのは平衡変調器である．
平衡変調器はSSB（J3E）送信機で使用される．

解答 問57→4　問58→4　問59→4

問 60

間接FM方式のFM(F3E)送信機において，変調波を得るには，図の空欄の部分に何を設ければよいか．

1　緩衝増幅器
2　平衡変調器
3　位相変調器
4　周波数逓倍器

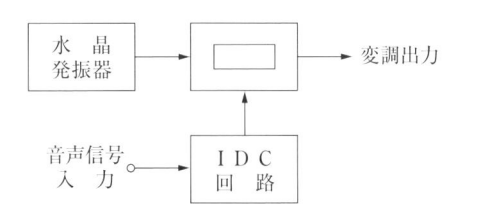

問 61

間接FM方式のFM(F3E)送信機において，瞬間的に大きな音声信号が加わっても周波数偏移を一定値内に収めるためには，図の空欄の部分に何を設ければよいか．

1　IDC回路
2　AFC回路
3　AGC回路
4　緩衝増幅器

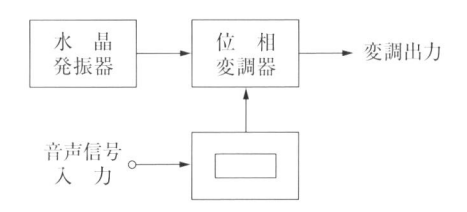

問 62

間接FM方式のFM(F3E)送信機において，IDC回路を設ける目的で，正しいのは次のうちどれか．

1　寄生振動の発生を防止する．
2　周波数偏移を制限する．
3　発振周波数を安定にする．
4　高調波の発生を除去する．

📖 解説 ➡ 問60 ➡ 問61

　周波数変調(FM)は音声信号波の振幅で搬送波の周波数を変化させる方式,位相変調(PM)は音声信号波の振幅で搬送波の位相を変化させる方式である.周波数の偏移は搬送波の周波数の変化に比例し,位相の偏移は搬送波の時間的なずれに比例する.また,周波数に反比例する信号波を位相変調器に加えると,周波数変調波の出力を得ることができる.

　大きな音声信号入力や高い周波数の入力が加わると占有周波数帯幅が広がるので,IDC回路は周波数偏移を一定値以下に制限するように動作する.このとき,出力の振幅は信号入力の周波数に反比例する特性を持つ.

> IDC回路と位相変調器によって,FM電波を送信する送信機を間接FM送信機ともいう

　また,送信機の送信周波数を安定にするには,水晶発振回路が用いられる.送信周波数を決定する水晶発振子は特定の周波数で発振するので,直接周波数変調をするのが難しい.

　そこで,水晶発振器の搬送波出力とIDC回路で周波数に反比例する特性を持った信号波出力を位相変調器に加えると,周波数変調波の出力を得ることができる.

📖 解説 ➡ 問62

　FM(F3E)送信機では,大きな音声信号入力や高い周波数の入力が加わると占有周波数帯幅が広がる.そこで,IDC回路を用いて周波数偏移を一定値以下に制限することによって,占有周波数帯幅が広がらないようにする.

> IDCは,Instantaneous(インスタンテニアス/瞬時)Deviation(デビエーション/周波数偏移)Control(コントロール/制御)のこと

解答 問60➡3　問61➡1　問62➡2

問 63

図に示す DSB(A3E)スーパヘテロダイン受信機の構成には誤った部分がある．これを正しくするにはどうすればよいか．

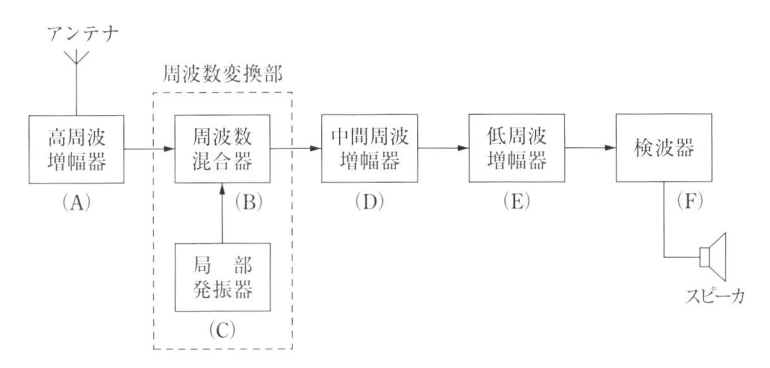

```
アンテナ
  │
┌─────┐   ┌ ─ ─ ─ 周波数変換部 ─ ─ ─ ┐   ┌─────┐   ┌─────┐   ┌─────┐
│高周波│   │┌─────┐             │   │中間周波│   │低周波│   │検波器│
│増幅器│──→││周波数│             │──→│増幅器│──→│増幅器│──→│     │
└─────┘   ││混合器│             │   └─────┘   └─────┘   └─────┘
  (A)     │└─────┘   (B)        │    (D)        (E)        (F)
         │    ↑                │                              │
         │ ┌─────┐             │                           スピーカ
         │ │局 部│             │
         │ │発振器│            │
         │ └─────┘             │
         │   (C)               │
         └ ─ ─ ─ ─ ─ ─ ─ ─ ─ ─ ┘
```

1　(A)と(D)を入れ替える．
2　(B)と(C)を入れ替える．
3　(E)と(F)を入れ替える．
4　(D)と(F)を入れ替える．

問 64

次の記述の □ 内に入れるべき字句の組合せで，正しいのはどれか．

シングルスーパヘテロダイン受信機において，□ A □ を設けると，□ B □ で発生する雑音の影響が少なくなるため □ C □ が改善される．

	A	B	C
1	高周波増幅部	中間周波増幅部	選択度
2	高周波増幅部	周波数変換部	信号対雑音比
3	周波数変換部	中間周波増幅部	選択度
4	中間周波増幅部	周波数変換部	信号対雑音比

解説 → 問63

検波器で音声等の信号を取り出してから，低周波増幅器でスピーカを動作するのに必要な電力まで増幅するので，問題の図の回路は（E）と（F）を入れ替えればよい．

スーパヘテロダイン受信機の各部の動作は次のようになる．
① 高周波増幅器：受信電波の高周波を増幅する．
② 周波数混合器：受信電波の周波数と局部発振器の出力周波数とを混合して中間周波数に変換する．
③ 局部発振器：受信電波の周波数と局部発振器の周波数との差が常に一定な中間周波数となるような周波数を発振する．
④ 中間周波増幅器：中間周波数に変換された受信電波を増幅する．中間周波変成器（IFT）や水晶フィルタにより，選択度が向上する．
⑤ 検波器：音声信号を取り出す．
⑥ 低周波増幅器：音声信号をスピーカが動作するために必要な電力に増幅する．

> 周波数混合器と局部発振器を合わせて周波数変換部という

解説 → 問64

受信電波と局部発振器の二つの周波数成分を混合して，それらの和または差の周波数を取り出す周波数変換部では，増幅回路の非直線部分を使用するために，回路内部で発生する雑音電圧が大きい．そこで，あらかじめ高周波増幅器で増幅した受信電波を周波数変換部の周波数混合器に加えると，雑音の影響が少なくなるので，信号対雑音比を改善することができる．信号対雑音比（S/N：エスエヌ比）は，信号電圧と雑音電圧の比で表される．信号電圧に比較して雑音電圧が小さいほど，信号対雑音比が大きい良好な受信機となる．

> 雑音が増えた後で，雑音を減らすことはできない．高周波増幅器は周波数変換部の前にある

解答 問63→3　問64→2

出題傾向　問63　図の構成が，(D)検波器，(E)中間周波増幅器，(F)低周波増幅器となっている問題も出題されている．答えは，(D)と(E)を入れ替える．

問 65

スーパヘテロダイン受信機の周波数変換部の作用は，次のうちどれか．

1 受信周波数を音声周波数に変える．
2 受信周波数を中間周波数に変える．
3 中間周波数を音声周波数に変える．
4 音声周波数を中間周波数に変える．

問 66

中間周波数が455〔kHz〕のスーパヘテロダイン受信機で，21.350〔MHz〕の電波が受信されているとき，局部発振周波数は次のどの周波数となるか．

1 22.260〔MHz〕
2 21.805〔MHz〕
3 21.350〔MHz〕
4 20.440〔MHz〕

問 67

次の記述の〔 〕内に入れるべき字句の組合せで，正しいのはどれか．

スーパヘテロダイン受信機の中間周波増幅器は，周波数混合器で作られた中間周波数の信号を〔 A 〕するとともに，〔 B 〕妨害を除去する働きをする．

	A	B
1	復調	影像（イメージ）周波数
2	周波数変換	過変調
3	周波数逓倍	混変調
4	増幅	近接周波数

解説 → 問65

スーパヘテロダイン受信機の周波数変換部は，受信周波数を中間周波数に変える作用がある．

周波数変換部は，混合する周波数を発振する局部発振器と周波数混合器によって構成されて，受信周波数を中間周波数に変える作用があるので周波数変換部という．

解説 → 問66

中間周波数 f_I〔kHz〕を f_I〔MHz〕に直すと，

f_I〔MHz〕= f_I〔kHz〕÷ 1,000 = 0.455〔MHz〕

局部発振周波数 f_L〔MHz〕は，受信電波の周波数 f_R〔MHz〕の上下に f_I〔MHz〕離れた周波数だから，次式によって求めることができる．

$f_L = f_R - f_I = 21.350 - 0.455 = 20.895$〔MHz〕……(1)
$f_L = f_R + f_I = 21.350 + 0.455 = 21.805$〔MHz〕……(2)

式(1)は選択肢にないので，式(2)の21.805〔MHz〕が答となる．

これらの関係を図に示すと，解説図のようになる．

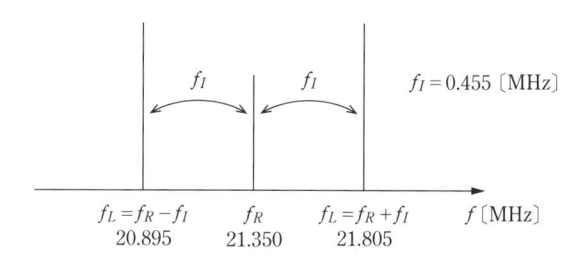

$f_I = 0.455$〔MHz〕

$f_L = f_R - f_I$　f_R　$f_L = f_R + f_I$　f〔MHz〕
　20.895　　　21.350　　21.805

解説 → 問67

スーパヘテロダイン受信機の近接周波数に対する選択度特性に最も影響を与えるのは，中間周波増幅器である．近接周波数の選択度特性を良くするには，中間周波増幅器に水晶フィルタまたは中間周波変成器(IFT)を用いる．

中間周波増幅器は，中間周波数の信号を増幅する

解答 問65→2　問66→2　問67→4

問 68　解説あり！

図は，スーパヘテロダイン受信機の検波回路である．可変抵抗器VRのタップTをa側に移動させれば，どのようになるか．

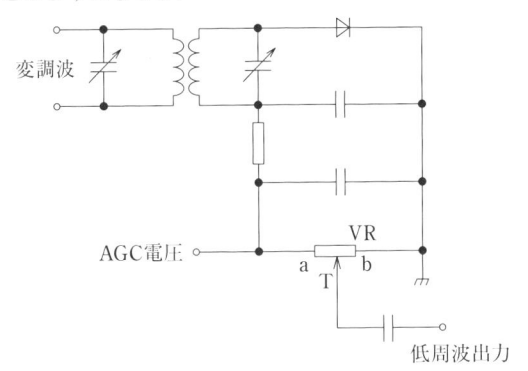

1　低周波出力が減少する．
2　AGC電圧が増大する．
3　低周波出力が増大する．
4　AGC電圧が減少する．

問 69　解説あり！

図は，スーパヘテロダイン受信機の検波回路である．可変抵抗器VRのタップTをb側に移動させれば，どのようになるか．

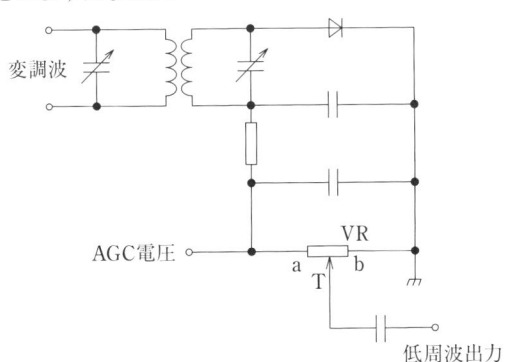

1　低周波出力が減少する．
2　AGC電圧が増大する．
3　低周波出力が増大する．
4　AGC電圧が減少する．

解説 → 問68

問題の図のVRには，解説図のような電圧が加わる．変調信号波によって電圧は変化するが，平均値で表される直流成分がAGC電圧となり，交流成分がコンデンサを通して低周波出力となる．ツマミを回してタップTをa側に移動させると，検波された音声信号の電圧が大きくなるので，低周波出力が増大する．

問題の図の検波回路のVRは，音量調整のボリュームである．つまみを回してタップTがaの方に移動すると，検波された音声信号の電圧が大きくなるので低周波出力が増大する．

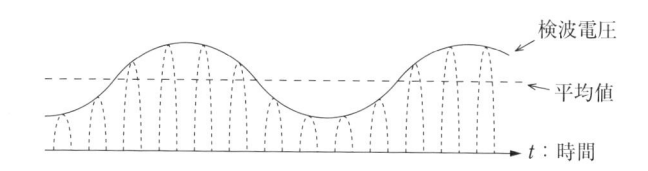

解説 → 問69

問題の図において，検波回路のVRは音量調整用のボリュームである．ツマミを回してタップTをb側に移動させると，検波された音声信号の電圧が小さくなるので，低周波出力が減少する．

解答 問68→3 問69→1

問 70

スーパヘテロダイン受信機に直線検波が用いられる理由で，誤っているのはどれか．

1 入力が小さくても大きな検波出力が取り出せるから．
2 大きな中間周波出力電圧が検波器に加わるから．
3 大きな入力に対してひずみが少ないから．
4 忠実度を良くすることができるから．

問 71

AM受信機において，受信入力レベルが変動すると，出力レベルが不安定となる．この出力を一定に保つための働きをする回路は，次のうちどれか．

1 クラリファイヤ（またはRIT）回路
2 スケルチ回路
3 IDC回路
4 AGC回路

問 72

電信（A1A）用受信機のBFO（ビート周波数発振器）の説明で，正しいのは次のうちどれか

1 ダブルスーパヘテロダイン方式の第2局部発振器の回路である．
2 受信信号を可聴周波信号に変換するための回路である．
3 水晶発振器を用いた周波数安定回路である．
4 出力側からでる雑音を少なくする回路である．

問 73

A1A電波を受信する無線電信受信機のBFO（ビート周波数発振器）は，どのような目的で使用されるか．

1 ダイヤル目盛を校正する．
2 受信周波数を中間周波数に変える．
3 受信信号を可聴周波信号に変換する．
4 通信が終わったとき警報を出す．

解説 → 問70

直線検波回路は,入力の中間周波信号波と検波出力が比例する特性を持つので,入力が小さいときは,検波出力も小さい.

解説 → 問71

受信機の受信入力レベルが変動すると,出力レベルが変動して不安定になる.この出力を一定に保つにはAGC回路が用いられる.

AGC(自動利得制御)回路は,受信入力電波が強いときは受信機の利得を下げる.受信入力電波が弱いときは受信機の利得を上げる.このように動作することで,受信機の利得を制御して受信機出力を一定にする.AGCは,Automatic(オートマチック/自動)Gain(ゲイン/利得)Control(コントロール/制御)のこと.

誤っている選択肢は,
1　クラリファイヤ(またはRIT)回路は,SSB受信機で用いられる.
2　スケルチ回路は,FM受信機で用いられる.
3　IDC回路は,Instantaneous(インスタンテニアス/瞬時)Deviation(デビエーション/周波数偏移)Control(コントロール/制御)のこと.FM送信機で用いられる.

解説 → 問72

BFO(ビート周波数発振器)は,受信信号を可聴周波信号に変換するための回路である.

電信(A1A)電波は,電けん操作によって搬送波が断続しているだけなので,DSB受信機で受信しても信号音とはならない.そこで,中間周波数に変換された受信信号と,検波器に加えられた復調用発振器(BFO)の周波数との差の周波数を検波することにより,可聴周波信号(ピーピーという音)に変換する.

BFOはBeat(ビート:打つ,リズム)Frequency(フリークエンシー:周波数)Oscillator(オシレーター:発振器)の意味

解説 → 問73

BFO(ビート周波数発振器)は,受信信号を可聴周波数の信号音に変換する.

解答　問70→1　問71→4　問72→2　問73→3

問 74

SSB（J3E）受信機において，クラリファイヤ（またはRIT）を設ける目的は，次のうちどれか．

1　受信強度の変動を防止する．
2　受信信号の明りょう度を良くする．
3　受信雑音を軽減する．
4　受信周波数目盛を校正する．

ヒント： クラリファイヤは澄ませるという意味．

問 75

クラリファイヤ（またはRIT）を用いて行う調整の機能として，正しいのは次のうちどれか．

1　低周波増幅器の出力を変化させる．
2　検波器の出力を変化させる．
3　高周波増幅器の同調周波数を変化させる．
4　局部発振器の発振周波数を変化させる．

問 76

スーパヘテロダイン受信機において，影像混信を軽減する方法で，誤っているのは次のうちどれか．

1　アンテナ回路にウェーブトラップを挿入する．
2　高周波増幅部の選択度を高くする．
3　中間周波増幅部の利得を下げる．
4　中間周波数を高くする．

解説 → 問74

　SSB変調波は搬送波がないので，SSB（J3E）受信機では，搬送波に相当する周波数の高周波を検波器に混合する．このとき，送信周波数と受信周波数の関係がずれると復調した音声の周波数もずれて，受信機の出力信号にひずみが生じて明りょう度が悪くなる．その場合は受信周波数を微調整することによって受信信号の明りょう度を良くすることができる．この回路をクラリファイヤ（またはRIT）という．

RITは，リットという

解説 → 問75

　クラリファイヤ（またはRIT）は，受信機の局部発振器の発振周波数を変化させることによって，受信周波数を微調整する．
　SSB（J3E）受信機の構成を解説図に示す．送信電波の搬送波の位置と局部発振器で混合する搬送波の位置がずれると，音声信号出力の周波数がずれて明りょう度が悪くなる．

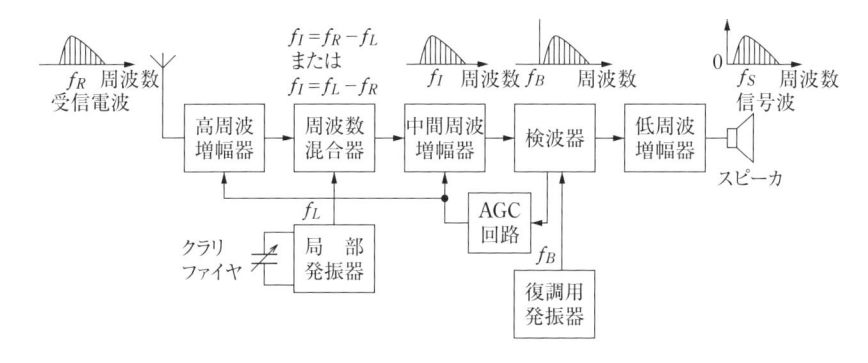

$f_I = f_R - f_L$ または $f_I = f_L - f_R$

f_R 周波数 受信電波 → 高周波増幅器 → 周波数混合器 → 中間周波増幅器 → 検波器 → 低周波増幅器 → スピーカ
f_S 周波数 信号波

クラリファイヤ — 局部発振器（f_L）
AGC回路
復調用発振器（f_B）

解説 → 問76

　ウェーブトラップは特定の周波数の妨害波を除去することができる．高周波増幅部の選択度を高くすると，影像周波数の妨害波が減衰する．中間周波数を高くすると受信周波数との差が大きくなるので，高周波増幅部の選択度特性によって妨害波が減衰する．中間周波増幅部の利得を下げても影像混信は軽減できない．

解答 問74→2　問75→4　問76→3

問 77

次の記述の□内に入れるべき字句の組合せで，正しいのはどれか．

周波数弁別器は，　A　の変化から信号波を取り出す回路であり，主としてFM波の　B　に用いられる．

	A	B
1	周波数	復調
2	周波数	変調
3	振幅	復調
4	振幅	変調

問 78

受信機で希望する電波を受信しているとき，近接周波数の強力な電波により受信機の感度が低下するのは，どの現象によるものか．

1 感度抑圧効果
2 相互変調妨害
3 影像周波数妨害
4 引込み現象

問 79

スーパヘテロダイン受信機において，近接周波数による混信を軽減するには，どのようにするのが最も効果的か．

1 AGC回路を断(OFF)にする．
2 中間周波増幅部に適切な特性の帯域フィルタ(BPF)を用いる．
3 局部発振器に水晶発振回路を用いる．
4 高周波増幅器の利得を下げる．

📖 解説 ➡ 問77

周波数弁別器は，解説図のように入力周波数の変化を振幅(出力電圧)の変化に変換して，信号波を取り出す特性を持つ．

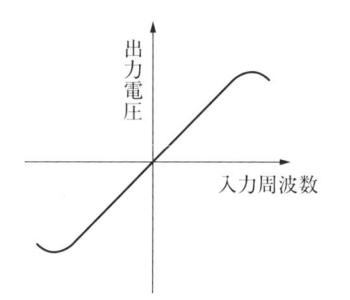

> 「弁別」は違いを見分けて区別する意味

(解説図：横軸 入力周波数，縦軸 出力電圧のS字特性)

📖 解説 ➡ 問78

感度抑圧効果は，受信電波に近接する周波数に強力な電波があると，受信機の感度が低下する現象である．

感度抑圧妨害は，アンテナ回路にウェーブトラップを挿入する．高周波増幅部の選択度を高くする．中間波増幅部の選択度を高くする．などの方法によって軽減することができる．

「相互変調妨害」は，希望波以外の二つ以上の強力な不要波が混入したとき，それらが特定の周波数の関係にあるときに発生する妨害である．

📖 解説 ➡ 問79

スーパヘテロダイン受信機の近接周波数による混信を軽減するには，近接周波数に対する選択度特性を良くするために，中間周波増幅部に適切な特性の帯域フィルタ(BPF)を用いる．帯域フィルタとしては，水晶フィルタまたは中間周波変成器(IFT)が用いられる．

> BPFは，Band(バンド／帯域)Pass(パス／通過)Filter(フィルタ／ろ波器)のこと

解答 問77➡1　問78➡1　問79➡2

出題傾向
問78　誤った選択肢が，「影像周波数混信」に入れ替わっている問題も出題されている．答えは同じ．

問 80

スーパヘテロダイン受信機において，中間周波変成器（IFT）の調整が崩れ，帯域幅が広がるとどうなるか．

1 強い電波を受信しにくくなる．
2 影像周波数による混信を受けやすくなる．
3 近接周波数による混信を受けやすくなる．
4 出力の信号対雑音比が良くなる．

問 81

次の記述の□内に入れるべき字句の組合せで，正しいのはどれか．

スーパヘテロダイン受信機の中間周波増幅器の通過帯域幅が受信電波の占有周波数帯幅と比べて極端に　A　場合には，必要とする周波数帯域の一部が増幅されないので，　B　が悪くなる．

	A	B
1	狭い	選択度
2	狭い	忠実度
3	広い	感度
4	広い	安定度

問 82

アマチュア局の電波が近所のラジオ受信機に電波障害を与えることがあるが，これを通常何といっているか．

1 TVI
2 BCI
3 EMC
4 ITV

解説 → 問80

スーパヘテロダイン受信機の中間周波増幅器に用いられる中間周波変成器(IFT)は，コイルとコンデンサを用いた並列共振回路である．中間周波変成器の調整が崩れると，共振回路の共振周波数特性が悪くなって周波数帯幅が広がるので，近接周波数による混信を受けやすくなる．

解説 → 問81

中間周波増幅器に中間周波数変成器などの適切な特性の帯域フィルタを用いると，近接周波数による混信を軽減することができる．

しかし，帯域フィルタの通過帯域幅が受信電波の占有周波数帯幅と比べて極端に狭い場合は，忠実度が悪くなって受信信号の周波数特性が悪くなる．

> 忠実度は受信信号出力の周波数特性で表される．周波数によって出力レベルが変化しない特性が良い

解説 → 問82

アマチュア局の送信する電波が原因で，近所のラジオ受信機の音声等が聞こえにくくなったり，アマチュア局の送信する電波の音声等がラジオ受信機に混入したりする電波障害をBCIという．

BCIは，Broadcast(ブロードキャスト/放送)Interference(インターフェアレンス/妨害)のこと．

解答 問80→3　問81→2　問82→2

問題

問 83

アマチュア局の電波が近所のラジオ受信機に電波障害を与えることがあるが，これを通常何といっているか．

1　アンプＩ
2　BCI
3　テレホンＩ
4　TVI

問 84

アマチュア局の電波が，近所のテレビジョン受像機に電波障害を与えることがあるが，これを通常何といっているか．

1　BCI
2　EMC
3　ITV
4　TVI

問 85

送信設備から電波が発射されているとき，BCIの発生原因となる恐れがあるもので，誤っているのは，次のうちどれか．

1　送信アンテナが送電線に接近している．
2　過変調になっている．
3　寄生振動が発生している．
4　アンテナ結合回路の結合度が疎になっている．

解説 → 問83

　アマチュア局の送信する電波が原因で，近所のラジオ受信機の音声等が聞こえにくくなったり，アマチュア局の送信する電波の音声等がラジオ受信機に混入したりする電波障害をBCIという．

　アンプIは，CDプレーヤ，メディアプレーヤやステレオアンプ等の音声や音楽が聞こえにくくなったり，アマチュア局の送信する電波の音声等が混入したりする障害のこと．

　テレホンIは，固定電話にアマチュア局の送信する電波の音声等が混入したりする障害のこと．

解説 → 問84

　アマチュア局の送信する電波が原因で，近所のテレビジョン受像機の画面が乱れたり音声等が混入したりする電波障害をTVIという．

　TVIは，Television（テレビジョン）Interference（インターフェアレンス／妨害）のこと．

解説 → 問85

　送信機とアンテナ間のアンテナ結合回路の結合度が疎になっているときは，BCIの発生原因にはならない．

　結合度が密になっていると，送信機の終段回路に影響してスプリアス発射によりBCIの発生原因となることがある．

「疎」か「密」の場合に，良好なのが「疎」

解答　問83→2　問84→4　問85→4

問 86

送信機が，他の無線局の受信設備に，妨害を与えることがあるのは，どのような状態のときか．

1 送信電力が低下したとき
2 電源フィルタが使用されたとき
3 高調波が発射されたとき
4 電源に蓄電池が使用されたとき

問 87

送信機において，BCIが発生する最も大きな要因となるのは，次のうちどれか．

1 電源電圧が変動しているとき
2 発射電波の周波数安定度が悪いとき
3 電けん回路でキークリックが発生しているとき
4 送信出力がリプルによる変調を受けているとき

問 88

FM送信機で28〔MHz〕の周波数の電波を発射したところ，FM放送受信に混信を与えた．送信側で考えられる混信の原因で正しいのはどれか．

1 1/3倍の低調波が発射されている．
2 寄生振動が発生している．
3 過変調になっている．
4 第3高調波が強く発射されている．

問 89

電信（A1A）送信機で，電波障害を防ぐ方法として，誤っているのは，次のうちどれか．

1 給電線結合部は静電結合とする．
2 低域フィルタ（LPF）または帯域フィルタ（BPF）を挿入する．
3 キークリック防止回路を設ける．
4 高調波トラップを使用する．

解説 ➡ 問86

他の無線局の受信設備に，妨害を与える恐れがあるのは，高調波が発射されたときである．

送信周波数の整数倍の高調波が発射されると，高調波の周波数と同じ周波数の電波に妨害を与える．

解説 ➡ 問87

電信（A1A）送信機では，電けん回路でキークリックが発生するなどの電信波形が異常になると，送信電波の波形がひずんで，周波数帯幅が広がったり高調波が発生したりすることによって，BCIが発生する．

解説 ➡ 問88

28〔MHz〕の送信周波数の第3高調波は，
 $28 \times 3 = 84$〔MHz〕
となり，FM放送の周波数76～90〔MHz〕に妨害を与える．

解説 ➡ 問89

静電結合はコンデンサによって結合させる方法である．給電線結合部に静電結合を用いると，高調波が放射されやすくなる．

解答 問86➡3　問87➡3　問88➡4　問89➡1

問90

電信(A1A)送信機で電波障害を防ぐ方法として，誤っているのは次のうちどれか．

1　キークリック防止回路を設ける．
2　給電線結合部に直列にコンデンサを接続する．
3　低域フィルタ(LPF)または帯域フィルタ(BPF)を挿入する．
4　高調波トラップを使用する．

問91

次の記述は，送信機によるBCIを避けるための対策について述べたものである．□内に入れるべき字句の組合せで，正しいのはどれか．

(1) 送信機の終段の同調回路とアンテナとの結合をできるだけ　A　にする．
(2) 電信送信機ではキークリックを避け，電話送信機では　B　する．

	A	B
1	密	過変調にならないように
2	密	出力を増加
3	疎	過変調にならないように
4	疎	出力を増加

問92

次の記述の□内に入れるべき字句の組合せで，正しいのはどれか．

(1) 送信機で発生する高調波がアンテナから発射されるのを防止するため，　A　を用いる．
(2) 高調波の発射を防止するフィルタの遮断周波数は，基本波周波数より　B　．

	A	B
1	高域フィルタ(HPF)	低い
2	高域フィルタ(HPF)	高い
3	低域フィルタ(LPF)	低い
4	低域フィルタ(LPF)	高い

解説 → 問90

送信機と給電線の結合部にコイルを用いた誘導結合を疎結合として,高調波が放射されにくいようにする.

コンデンサによる静電結合は,コンデンサのリアクタンスが周波数に反比例して小さくなるので,高調波が放射されやすくなる.

解説 → 問91

送信機の同調回路とアンテナとの接合は,誘導結合としてできるだけ疎に結合する.

電話送信機では,変調度が100〔%〕を超えて過変調になると送信電波の波形が大きくひずんで側波帯が広がったり高調波が発生したりする.側波帯が広がると占有周波数帯幅が広くなる.

「疎」か「密」の場合に,良好なのが「疎」

解説 → 問92

解説図に示すように,送信機の給電線とアンテナ間に低域フィルタ(LPF)を挿入すればよい.低域フィルタの遮断周波数は基本波周波数より高くして,送信電波を減衰しないようにする.

LPFは,Low(ロー/低域)Pass(パス/通過)Filter(フィルタ/ろ波器)のこと

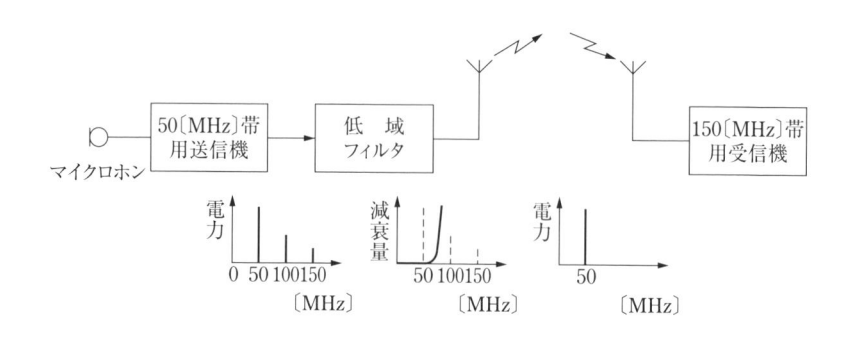

解答 問90→2　問91→3　問92→4

問題

問 93 解説あり！

次の記述の◯◯◯内に入れるべき字句の組合せで，正しいのはどれか．

送信機の出力端子に接続して，高調波を除去するフィルタとして A が用いられる．このフィルタの減衰量は， B に対してなるべく小さく， C に対しては十分大きくなければならない．

	A	B	C
1	高域フィルタ（HPF）	基本波	高調波
2	帯域消去フィルタ（BEF）	高調波	基本波
3	低域フィルタ（LPF）	基本波	高調波
4	低域フィルタ（LPF）	高調波	基本波

問 94 解説あり！

ラジオ受信機に，付近の送信機から強力な電波が加わると，受信された信号が受信機の内部で変調され，BCIを起こすことがある．この現象を何変調と呼んでいるか．

1 過変調
2 平衡変調
3 混変調
4 位相変調

問 95 解説あり！

ラジオ受信機に付近の送信機から強力な電波が加わると，受信された信号が受信機の内部で変調され，BCIを起こすことがある．この現象を何と呼んでいるか．

1 ハウリング
2 ブロッキング
3 混変調
4 フェージング

解説 → 問93

送信機の高調波を防止するためには，遮断周波数より低い周波数の電波を通す低域（通過）フィルタを用いる．送信する基本波に対する減衰量が小さく，高調波に対する減衰量は十分に大きなものを用いる．

解説 → 問94

ラジオ受信機に，付近の送信機から強力な電波が加わると，受信された信号が受信機内部で変調されて混変調によって，BCIを起こすことがある．
混変調は受信機内部の増幅回路に強力な電波が加わると発生する．目的の受信信号が送信電波の信号波によって変調される現象である．
誤っている選択肢は，次のことである．
過変調は，送信機の変調度が100〔%〕を超えること．平衡変調は，SSB（J3E）送信機でも用いられる変調回路のこと．位相変調は，位相変調送信機や周波数変調送信機で用いられる変調回路のこと．

解説 → 問95

ラジオ受信機に，付近の送信機から強力な電波が加わると，受信された信号が受信機内部で変調されて混変調によって，BCIを起こすことがある．
誤っている選択肢は，次のことである．
ハウリングは，スピーカからの受信音による振動で部品が振動すると発生するひずみのこと．フェージングは，電波の伝搬状態により受信点で電波の強さが時間とともに変動する現象のこと．

解答　問93→3　問94→3　問95→3

問 96

アマチュア局から発射された短波の基本波が，テレビジョン受像機に混変調によるTVIを与えた．この防止対策として，テレビジョン受像機のアンテナ端子と給電線の間に挿入すればよいのは，次のうちどれか．

1 高域フィルタ（HPF）　　2 ラインフィルタ
3 アンテナカプラ　　　　　4 低域フィルタ（LPF）

問 97

アマチュア局から発射された電波のうち，短波の基本波によって他の超短波（VHF）帯の受信機に電波障害を与えた．この防止対策として，受信機のアンテナ端子と給電線の間に挿入すればよいのは，次のうちどれか．

1 低域フィルタ（LPF）　　2 高域フィルタ（HPF）
3 アンテナカプラ　　　　　4 ラインフィルタ

問 98

空電による雑音妨害を，最も受けやすい周波数帯は，次のうちどれか．

1 マイクロ波（SHF）帯　　2 極超短波（UHF）帯
3 超短波（VHF）帯　　　　4 短波（HF）帯以下

問 99

雑音電波の発生を防止するため，送信機でとる処置で，有効でないものは，次のうちどれか．

1 高周波部をシールドする．　　2 接地を完全にする．
3 各種の配線を束にする．　　　4 電源線にノイズフィルタを入れる．

解説 → 問96

テレビジョン受像機は極超短波(UHF)帯の電波を使用するので，アマチュア局から発射される短波帯の電波より周波数が高いから，解説図のようにテレビジョン受像機のアンテナ端子と給電線の間に，高域フィルタ(HPF)を挿入する．

短波(HF)帯は3～30〔MHz〕，極超短波(UHF)帯は300～3,000〔MHz〕

HPFは，High(ハイ/高域)Pass(パス/通過)Filter(フィルタ/ろ波器)のこと

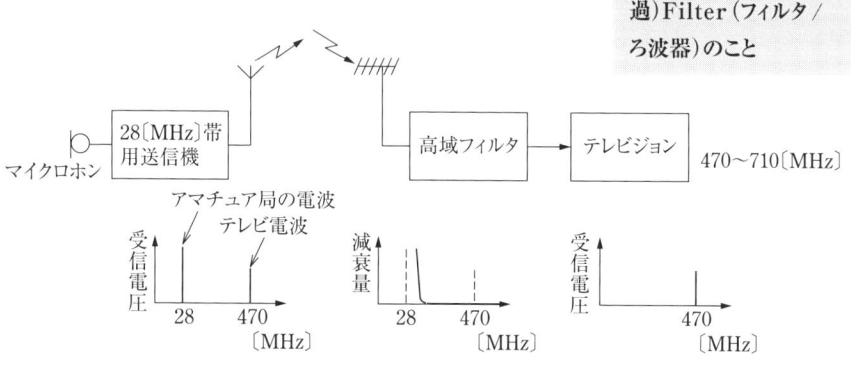

解説 → 問97

超短波(VHF)帯の受信機の電波は，アマチュア局から発射される短波帯の電波より周波数が高いので，受信機のアンテナ端子と給電線の間に，高域フィルタ(HPF)を挿入する．

超短波(VHF)帯は30～300〔MHz〕

解説 → 問98

空電は雷による雑音で，主に短波(HF：3～30〔MHz〕)帯以下の周波数の電波が雑音妨害を受ける．

解説 → 問99

送信機内部や外部の各種の配線を離して誘導妨害を少なくする．

解答 問96→1　問97→2　問98→4　問99→3

問 100

次の記述は，ニッケルカドミウム蓄電池と比べたときの，リチウムイオン蓄電池の一般的な特徴について述べたものである．誤っているのはどれか．

1 小型軽量である．
2 電池1個の端子電圧は1.2〔V〕より低い．
3 自然に少しずつ放電する自己放電量が少ない．
4 メモリー効果がないので，継ぎ足し充電ができる．

問 101

容量20〔Ah〕の蓄電池を2〔A〕で連続使用すると，通常何時間使用できるか．

1 2時間
2 5時間
3 10時間
4 20時間

ヒント：容量の単位〔Ah〕は，電流〔A〕×時間〔h〕を表す．

問 102

端子電圧6〔V〕，容量60〔Ah〕の蓄電池を3個直列に接続したとき，その合成電圧と合成容量の組合せで正しいのは，次のうちどれか．

	合成電圧	合成容量
1	6〔V〕	60〔Ah〕
2	18〔V〕	60〔Ah〕
3	6〔V〕	180〔Ah〕
4	18〔V〕	180〔Ah〕

📖 解説 → 問100

ニッケルカドミウム蓄電池の端子電圧は1.2〔V〕，リチウムイオン蓄電池の端子電圧は3.6〜3.7〔V〕である．

📖 解説 → 問101

容量は，容量〔Ah〕＝電流〔A〕×時間〔h〕で表されるので，時間は次式によって求めることができる．

$$時間 = \frac{容量}{電流} = \frac{20}{2} = 10 〔h〕$$

📖 解説 → 問102

直列接続では，合成電圧は電池の個数倍になるが合成容量は変わらないので，合成電圧は $6 \times 3 = 18$〔V〕，合成容量は60〔Ah〕となる．

また，同じ規格の蓄電池を並列接続して使用すると，合成電圧は変わらないが合成容量は電池の個数倍になるので，電池の使用時間を長くすることができる．

解説図(a)のような電池の接続を直列接続という．電池を直列に接続すると合成電圧は，各電池の電圧の和になるが，電池の容量は変わらない．図(b)のような電池の接続を並列接続という．電池を並列に接続すると合成電圧は変わらないが，電池の容量は各電池の容量の和になる．

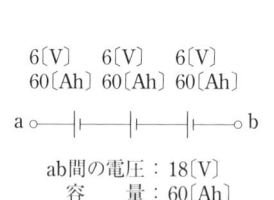

6〔V〕 6〔V〕 6〔V〕
60〔Ah〕 60〔Ah〕 60〔Ah〕

ab間の電圧：18〔V〕
容　　量：60〔Ah〕

(a) 直列接続

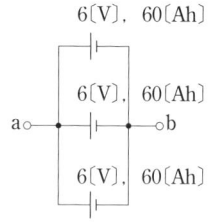

6〔V〕, 60〔Ah〕
6〔V〕, 60〔Ah〕
6〔V〕, 60〔Ah〕

ab間の電圧：　6〔V〕
容　　量：180〔Ah〕

(b) 並列接続

解答 問100→2　問101→3　問102→2

出題傾向
問101　容量が30〔Ah〕，電流が3〔A〕の問題も出題されている．答の時間は10時間である．
容量が40〔Ah〕，電流が2〔A〕の問題も出題されている．答の時間は20時間である．

問 103

次の文の□の部分に当てはまる字句の組合せは，下記のうちどれか．

送受信機の電源に商用電源を用いる場合は，□A□により所要の電圧にした後，□B□を経て□C□でできるだけ完全な直流にする．

	A	B	C
1	変圧器	整流回路	平滑回路
2	変調器	整流回路	平滑回路
3	変圧器	平滑回路	整流回路
4	変調器	平滑回路	整流回路

問 104

次の記述は，接合ダイオードの特性について述べたものである．正しいのはどれか．

1 順方向電圧を加えたとき，電流は流れにくい．
2 順方向電圧を加えたとき，内部抵抗は小さい．
3 逆方向電圧を加えたとき，内部抵抗は小さい．
4 逆方向電圧を加えたとき，電流は容易に流れる．

問 105

図は，ダイオードを用いた半波整流回路である．この回路に流れる電流 i の方向と出力電圧の極性との組合せで，正しいのは次のうちどれか．

	電流 i の方向	出力電圧の極性
1	ⓐ	ⓒ
2	ⓐ	ⓓ
3	ⓑ	ⓒ
4	ⓑ	ⓓ

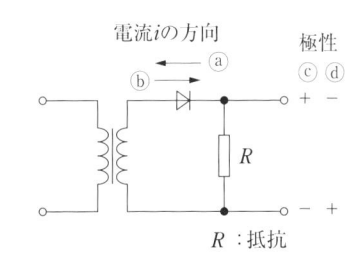

R：抵抗

解説 →問103

解説図に整流電源の構成を示す．商用電源からの交流入力電圧を変圧器(電源トランス)により所要の交流電圧とする．次に整流回路で一方向の極性で変化する脈流電圧にして，平滑回路によってできるだけ完全な直流にする．

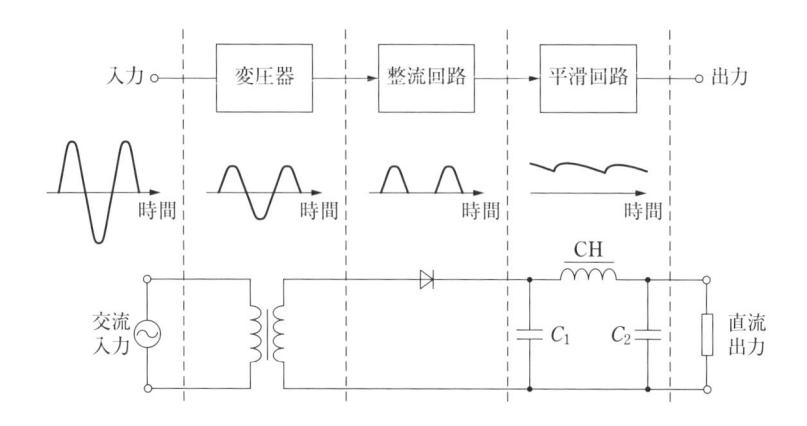

解説 →問104

整流回路は正負に変化する交流電圧を，一方向の極性で変化する脈流電圧にする．整流回路には接合ダイオードが用いられる．接合ダイオードは次の特性を持つ．
　順方向電圧を加えたときに電流は容易に流れる(内部抵抗が小さい)．
　逆方向電圧を加えたときに電流は流れにくい(内部抵抗が大きい)．

解説 →問105

問題の図において，ダイオードの入力回路は下の端子に対して上の端子に加わる交流入力電圧が正(＋)のとき，ダイオードに電流が流れる．問題の図の電流が流れる方向は ⓑ の向きとなる．出力電圧の極性は，抵抗に電流が流れる向きが正(＋)になるので ⓒ が＋の極性となる．

> ダイオードの図記号の▷形は，順方向電流が流れる向きの矢印を表す

解答 問103→1　問104→2　問105→3

問 106

単相全波整流回路と比べたときの単相半波整流回路の特徴で，誤っているのは次のうちどれか．

1 変圧器が2次側の直流により磁化される．
2 脈流の中に含まれる交流分が大きい．
3 出力電圧（電流）の直流分が小さい．
4 リプル周波数は同じである．

問 107

図に示す整流回路において，点aの電圧が中点bの電圧より高いとき，整流電流はどのように流れるか．

1 $c \to D_2 \to R \to b$
2 $b \to R \to D_2 \to c$
3 $a \to D_1 \to D_2 \to c$
4 $a \to D_1 \to R \to b$

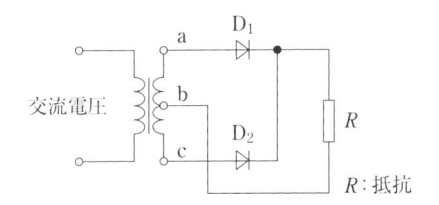

問 108

図に示す整流回路において，交流電源電圧 e が最大値31.4〔V〕の正弦波電圧であるとき，負荷にかかる脈流電圧の平均値として，最も近いのは次のうちどれか．ただし，D_1からD_4までのダイオードの特性は理想的なものとする．

1 10.0〔V〕
2 15.7〔V〕
3 20.0〔V〕
4 31.4〔V〕

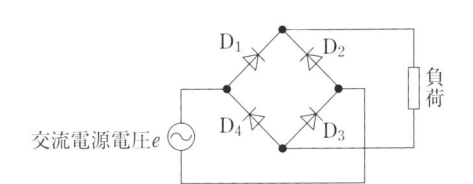

解説 ➡ 問106

単相全波整流回路と比べると単相半波整流回路のリプル周波数は1/2になる.
解説図に単相半波整流回路と単相全波整流回路を示す.
半波整流回路の出力に現れるリプル(脈流)の周波数f_1は入力交流の周波数fと同じである. 全波整流回路の出力に現れるリプル(脈流)の周波数f_2は入力交流の周波数fの2倍になる.

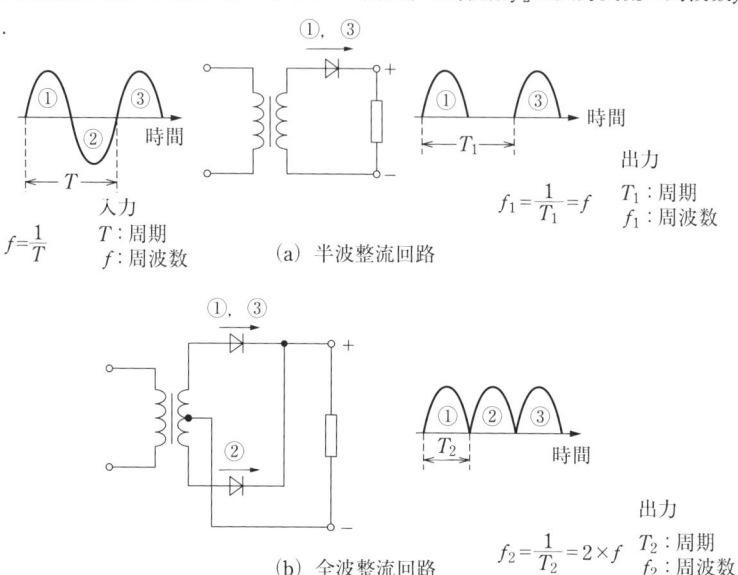

(a) 半波整流回路

$f = \dfrac{1}{T}$　T：周期　f：周波数

$f_1 = \dfrac{1}{T_1} = f$　T_1：周期　f_1：周波数

(b) 全波整流回路

$f_2 = \dfrac{1}{T_2} = 2 \times f$　T_2：周期　f_2：周波数

解説 ➡ 問107

点aの電圧が中点bより高いときは, 点aが正(プラス), 中点bが負(マイナス)の極性となるので, D_1には順方向の電流が流れる. この電流は抵抗Rを通って中点bに流れるから, 電流はa→D_1→R→bの順番に流れていく.
このとき点cは中点bよりもマイナスの極性となるので, D_2には逆方向の電圧が加わってD_2に電流は流れない.

解説 ➡ 問108

最大値をV_m〔V〕とすると, 脈流電圧の平均値電圧V_a〔V〕は, 次式で表される.

$$V_a = \dfrac{2}{\pi} V_m \fallingdotseq \dfrac{2}{3.14} \times 31.4 = 2 \times 10 = 20 \,〔\text{V}〕$$

解答　問106➡4　問107➡4　問108➡3

問 109

次の記述の ☐ 内に入れるべき字句の組合せで，正しいのはどれか．

(1) 電源回路で，交流入力電圧100〔V〕，交流入力電流2〔A〕というとき，これらの大きさは，一般に ☐A☐ を表す．

(2) 交流の瞬時値のうちで最も大きな値を最大値といい，正弦波交流では，平均値は最大値の ☐B☐ 倍になり，実効値は最大値の ☐C☐ 倍になる．

	A	B	C
1	実効値	$\dfrac{1}{\sqrt{2}}$	$\dfrac{2}{\pi}$
2	実効値	$\dfrac{2}{\pi}$	$\dfrac{1}{\sqrt{2}}$
3	平均値	$\dfrac{1}{\sqrt{2}}$	$\dfrac{2}{\pi}$
4	平均値	$\dfrac{2}{\pi}$	$\dfrac{1}{\sqrt{2}}$

問 110

図に示す整流回路において，その名称と出力側点aの電圧の極性との組合せで，正しいのは次のうちどれか．

	名称	点aの極性
1	半波整流回路	負
2	全波整流回路	負
3	半波整流回路	正
4	全波整流回路	正

解説 → 問109

正弦波交流の電圧や電流は時間とともに変化するので，一般に直流と同じ電力を消費する値で表される．その値を実効値という．

正弦波交流の電圧や電流は変化するので，その瞬間的な値を瞬時値という．瞬時値の最も大きな値を最大値という．

正弦波交流波形を平均した値を平均値という．交流電圧の平均値電圧 V_a〔V〕は，最大値電圧を V_m〔V〕とすると，次式で表される．

$$V_a = \frac{2}{\pi} V_m \fallingdotseq 0.64 \times V_m \text{〔V〕}$$

実効値電圧 V_e〔V〕は次式で表される．

$$V_e = \frac{1}{\sqrt{2}} V_m \fallingdotseq 0.71 \times V_m \text{〔V〕}$$

平均値は最大値の $2/\pi$ 倍になり，実効値は最大値の $1/\sqrt{2}$ 倍になる．

解説 → 問110

問題の図の回路は全波整流回路である．

出力トランスの中点に対して上の端子に加わる交流入力電圧が正（プラス）のとき，電流は，上の端子→D_1→点a→抵抗→中点の順番に流れる．抵抗に電流が流れる向きが正になるから，点aの電圧は正である．

中点に対して下の端子に加わる交流入力電圧が正（プラス）のとき，電流は，下の端子→D_2→点a→抵抗→中点の順番に流れる．抵抗に電流が流れる向きが正になるから，点aの電圧は正である．

解答 問109→2　問110→4

問題

問 111 解説あり！ 正解 □ 完璧 □ 直前CHECK □

図に示す整流回路において，交流電源電圧 E が実効値 $30[V]$ の正弦波電圧であるとき，負荷にかかる脈流電圧の平均値として，最も近いものを下の番号から選べ．ただし，D_1 から D_4 までのダイオードの特性は理想的なものとする．

1 $21[V]$
2 $27[V]$
3 $30[V]$
4 $42[V]$

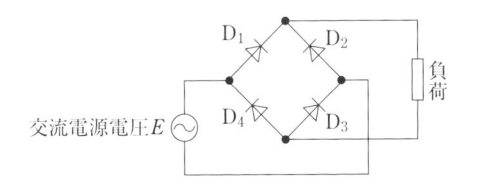

問 112 解説あり！ 正解 □ 完璧 □ 直前CHECK □

図に示す整流回路において，平滑回路の CH および C_1，C_2 の働きの組合せで，正しいのは次のうちどれか．

	CHの働き	C_1，C_2の働き
1	交流を通す	直流を妨げる
2	交流を妨げる	直流を通す
3	直流を通す	交流を通す
4	直流を妨げる	交流を妨げる

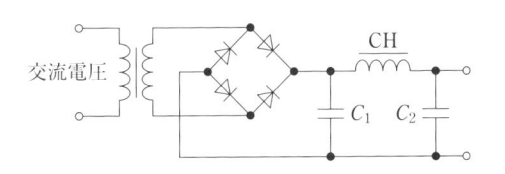

問 113 解説あり！ 正解 □ 完璧 □ 直前CHECK □

電源の定電圧回路に用いられるダイオードは，次のうちどれか．

1 バラクタダイオード
2 ツェナーダイオード
3 ホトダイオード
4 発光ダイオード

解説 →問111

問題には最大値が書いてないので，まず最大値を求める．実効値を V_e [V]とすると，最大値 V_m [V]は次式で表される．

$$V_m = \sqrt{2}\, V_e$$
$$\fallingdotseq 1.4 \times 30 = 42 \text{[V]}$$

脈流電圧の平均値電圧 V_a [V]は，次式で表される．

$$V_a = \frac{2}{\pi} V_m$$
$$\fallingdotseq 0.64 \times V_m = 0.64 \times 42 \fallingdotseq 27 \text{[V]}$$

> 平均値は，実効値の
> $\dfrac{0.64}{0.71} \fallingdotseq 0.9$ 倍

解説 →問112

整流回路で整流された脈流はそのままでは電圧の変動が大きくて直流としては使えない．この脈流をなだらかにして直流とする回路が平滑回路である．

チョークコイルCHは直流電流を通して，交流電流を妨げる．コンデンサ C_1, C_2 は直流電圧を蓄えて，交流電流を通す働きをする．

> コイルのリアクタンスは周波数に比例する
> コンデンサのリアクタンスは，周波数に反比例する

解説 →問113

電源の定電圧回路に用いられるのはツェナーダイオード．ツェナーダイオードは定電圧ダイオードともいう．

誤っている選択肢は，
1　バラクタダイオードは静電容量を変化させる特性を持つ．
3　ホトダイオードは光を当てると電流が流れる特性を持つ．
4　発光ダイオードは電流を流すと光を発生する特性を持つ．

解答　問111→2　　問112→3　　問113→2

問題

問 114

送信用アンテナに延長コイルを必要とするのは，どのようなときか．

1 使用する電波の波長がアンテナの固有波長より短いとき
2 使用する電波の波長がアンテナの固有波長に等しいとき
3 使用する電波の周波数がアンテナの固有周波数より高いとき
4 使用する電波の周波数がアンテナの固有周波数より低いとき

問 115

長さが8〔m〕の1/4波長垂直接地アンテナを用いて，周波数が7,050〔kHz〕の電波を放射する場合，この周波数でアンテナを共振させるために一般的に用いられる方法で，正しいのは次のうちどれか．

1 アンテナにコンデンサを直列に接続する．
2 アンテナにコンデンサを並列に接続する．
3 アンテナにコイルを並列に接続する．
4 アンテナにコイルを直列に接続する．

ヒント： 周波数 f〔MHz〕の波長 λ〔m〕は，次式で表される．

$$\lambda = \frac{300}{f} \text{〔m〕}$$

問 116

次の記述の　　　内に入れるべき字句の組合せで，正しいのはどれか．

使用する電波の波長がアンテナの　A　波長より短いときは，アンテナ回路に直列に　B　を入れ，アンテナの　C　長さを短くしてアンテナを共振させる．

	A	B	C
1	固有	延長コイル	幾何学的
2	固有	短縮コンデンサ	電気的
3	励振	短縮コンデンサ	幾何学的
4	励振	延長コイル	電気的

解説 → 問114

使用する電波の周波数がアンテナの固有周波数より低いときは，アンテナと直列に延長コイルを接続する．

解説図(a)のように1/4波長垂直接地アンテナでは，アンテナの長さが1/4波長のとき共振する．そのときの周波数を固有周波数，波長を固有波長という．

図(b)のように，使用する電波の波長λ_1がアンテナの固有波長λ_0より長い場合(使用する電波の周波数f_1がアンテナの固有周波数f_0より低い場合)は，アンテナと直列に延長コイルを挿入してアンテナの電気的長さを長くして共振させる．

図(c)のように，使用する電波の波長λ_2がアンテナの固有波長λ_0より短い場合(使用する電波の周波数f_2がアンテナの固有周波数f_0より高い場合)は，アンテナと直列に短縮コンデンサを挿入してアンテナの電気的長さを短くして共振させる．

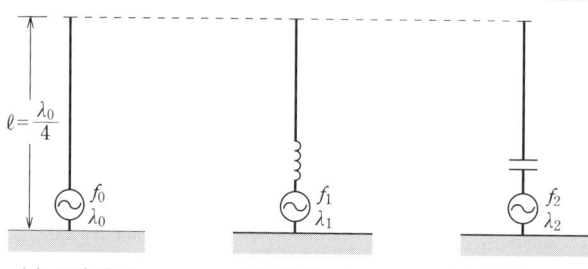

アンテナが同調する最も低い周波数が固有周波数

ℓ：アンテナの長さ
f_0：固有周波数
λ_0：固有波長
$f_1 < f_0 < f_2$
$\lambda_1 > \lambda_0 > \lambda_2$

$\ell = \dfrac{\lambda_0}{4}$

(a) 固有波長　　(b) 延長コイル　　(c) 短縮コンデンサ

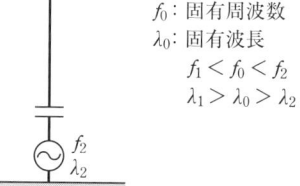

解説 → 問115

アンテナの長さがℓ〔m〕の1/4波長垂直接地アンテナの固有波長λ_0〔m〕は，
$\lambda_0 = 4 \times \ell = 4 \times 8 = 32$〔m〕

使用する電波の周波数f〔MHz〕の波長λ〔m〕は，

$\lambda = \dfrac{300}{f} = \dfrac{300}{7.05} \fallingdotseq 43$〔m〕

$1,000$〔kHz〕$= 1$〔MHz〕
$7,050$〔kHz〕$= 7.05$〔MHz〕

使用する電波の波長λがアンテナの固有波長λ_0よりも長いので，アンテナに延長コイルを直列に接続する．

解説 → 問116

「幾何学的長さ」とは，数学的な実際の長さのこと．短縮コンデンサによって電気的な長さを短くさせる．

解答　問114→4　　問115→4　　問116→2

問 117

半波長ダイポールアンテナの特性で，誤っているのは次のうちどれか．

1　放射抵抗は50〔Ω〕である．
2　アンテナを大地と垂直に設置すると，水平面内では全方向性（無指向性）となる．
3　アンテナを大地と水平に設置すると，水平面内の指向性は8字形となる．
4　電圧分布は両端で最大となる．

問 118

3.5〔MHz〕用の半波長ダイポールアンテナの長さの値として，最も近いのは次のうちどれか．

1　86〔m〕
2　43〔m〕
3　21〔m〕
4　11〔m〕

問 119

半波長ダイポールアンテナの放射電力を12〔W〕にするためのアンテナ電流の値として，最も近いのはどれか．ただし，熱損失となるアンテナ導体の抵抗分は無視するものとする．

1　0.1〔A〕
2　0.2〔A〕
3　0.3〔A〕
4　0.4〔A〕

ヒント：電流I，抵抗R，電力Pは，次式で表される．
$$P = R \times I^2 \text{〔W〕}$$

📖 解説 ➡ 問117

半波長ダイポールアンテナの放射抵抗は約75〔Ω〕である.

📖 解説 ➡ 問118

周波数 f〔MHz〕の電波の波長 λ〔m〕は,次式で表される.

$$\lambda = \frac{300}{f} = \frac{300}{3.5} \doteqdot 86 \text{〔m〕}$$

半波長ダイポールアンテナの長さ ℓ〔m〕は,

$$\ell = \frac{\lambda}{2} = \frac{86}{2} = 43 \text{〔m〕}$$

> 半波長はアンテナ素子の長さのことだから,1/2波長の長さ

📖 解説 ➡ 問119

放射抵抗を R〔Ω〕,電流を I〔A〕とすると放射電力 P〔W〕は,次式で表される.

$$P = R \times I^2$$

半波長ダイポールアンテナの放射抵抗は,$R \doteqdot 75$〔Ω〕だから,電流 I〔A〕を求めると,

$$I^2 = \frac{P}{R} = \frac{12}{75} = 0.16$$

2乗は同じ数を2回掛けるので,

$$I^2 = I \times I = 0.16 = 0.4 \times 0.4$$

したがって,$I = 0.4$〔A〕

または,$I = \sqrt{\dfrac{P}{R}}$ の式より求める.

> $I = \dfrac{V}{R}$
> $P = V \times I$
> $P = R \times I^2$

解答 問117➡1　問118➡2　問119➡4

問 120 解説あり！

半波長ダイポールアンテナの放射電力を3〔W〕にするためのアンテナ電流の値として，最も近いのはどれか．ただし，熱損失となるアンテナ導体の抵抗分は，無視するものとする．

1. 1.0〔A〕　　2. 0.7〔A〕　　3. 0.4〔A〕　　4. 0.2〔A〕

問 121 解説あり！

通常，水平面内の指向性が図のようになるアンテナは，次のうちどれか．ただし，点Pは，アンテナの位置を示す．

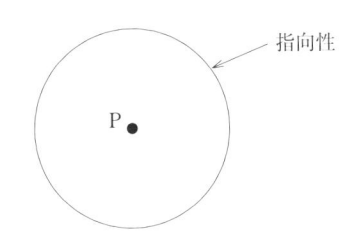

指向性

P

1　水平半波長ダイポールアンテナ
2　八木アンテナ
3　垂直半波長ダイポールアンテナ
4　キュビカルクワッドアンテナ

問 122 解説あり！

通常，水平面内が無指向性として使用されるアンテナは，次のうちどれか．

1　水平半波長ダイポールアンテナ
2　八木アンテナ
3　垂直半波長ダイポールアンテナ
4　パラボラアンテナ

解説 → 問120

放射抵抗 $R ≒ 75$ 〔Ω〕,電流 I 〔A〕,放射電力 P 〔W〕より次式が成り立つ.

$$I^2 = \frac{P}{R} = \frac{3}{75} = \frac{1}{25}$$

2乗は同じ数を2回掛けるので,

$$I^2 = I \times I = \frac{1}{25} = \frac{1}{5} \times \frac{1}{5}$$

したがって,$I = \frac{1}{5} = 0.2$ 〔A〕

$I = \dfrac{V}{R}$
$P = V \times I$
$P = R \times I^2$

解説 → 問121

アンテナから電波を放射したり受信したりするとき,電波の強さはアンテナの向きによって異なる.その状態を図で表したものを指向性という.半波長ダイポールアンテナを大地に水平に取り付けたものを水平半波長ダイポールアンテナ,垂直に取り付けたものを垂直半波長ダイポールアンテナという.

アンテナ素子が最も長く見える方向の電波が強い.問題の図の垂直半波長ダイポールアンテナは,図の点Pの位置に紙面の表と裏の方向にアンテナ線が張られている.どの方向から見ても同じ長さに見えるので,指向性は円形の無指向性である.

解説 → 問122

水平面の指向性が無指向性のアンテナは,垂直半波長ダイポールアンテナである.水平半波長ダイポールアンテナは8の字形の指向性を持つ.八木アンテナは単方向の鋭い指向性を持つ.パラボラアンテナは単方向の鋭い指向性を持つ.

解答 問120→4 問121→3 問122→3

出題傾向

問120 次の数値も出題されているので,計算しておくこと.
$P = 8$ 〔W〕のときの答えは,$I ≒ 0.33$ 〔A〕
$P = 10$ 〔W〕のときの答えは,$I ≒ 0.37$ 〔A〕
$P = 18$ 〔W〕のときの答えは,$I ≒ 0.5$ 〔A〕
$P = 27$ 〔W〕のときの答えは,$I ≒ 0.6$ 〔A〕
≒の記号は約を表す.

問123

図は，各種のアンテナの水平面内の指向性を示したものである．ブラウンアンテナ（グランドプレーンアンテナ）の指向性はどれか．ただし，点Pは，アンテナの位置を示す．

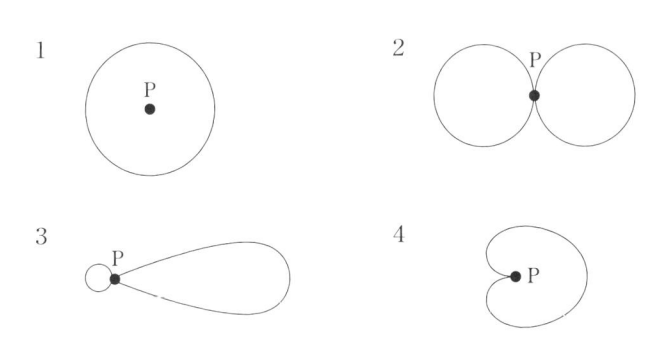

1
2
3
4

問124

図は，水平設置の八木アンテナの水平面内指向性を示したものである．正しいのは次のうちどれか．ただし，Dは導波器，Pは放射器，Rは反射器とする．

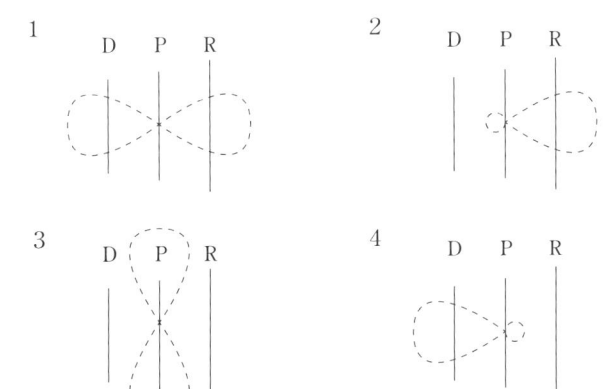

1
2
3
4

解説 → 問123

ブラウンアンテナ(グランドプレーンアンテナ)は,解説図(a)のように1/4波長垂直接地アンテナを大地に接地する代わりに,4本の水平素子(地線)を用いた構造のアンテナである.

アンテナの長さは$\lambda/4$であり,各水平素子の長さも同じ$\lambda/4$である.水平面指向性は図(b)のように無指向性,放射抵抗は約21〔Ω〕である.

(a) 構造

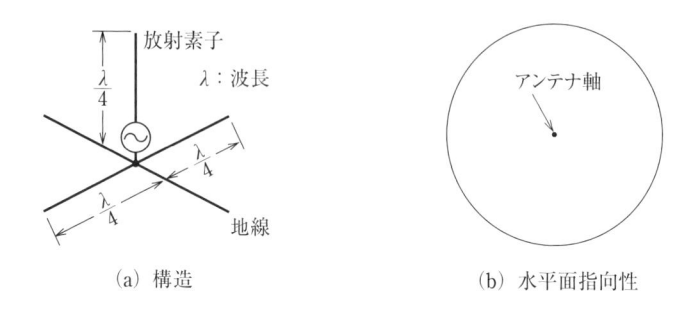

(b) 水平面指向性

解説 → 問124

八木アンテナは導波器Dの方向に単方向の鋭い指向性を持つ.

解答 問123→1　問124→4

問 125 解説あり！

八木アンテナにおいて，給電線は，次のどの素子につなげばよいか．

1. 放射器
2. すべての素子
3. 導波器
4. 反射器

問 126 解説あり！

八木アンテナの記述として，誤っているのは次のうちどれか．

1. 指向性アンテナである．
2. 反射器，放射器および導波器で構成される．
3. 導波器の素子数の多いものは指向性が鋭い．
4. 接地アンテナの一種である．

問 127 解説あり！

同軸給電線に必要な電気的条件で，誤っているのは次のうちどれか．

1. 絶縁耐力が十分であること
2. 誘電損が少ないこと
3. 給電線から放射される電波が強いこと
4. 導体の抵抗損失が少ないこと

問 128 解説あり！

次に挙げた，アンテナの給電方法の記述で，正しいものはどれか．

1. 給電点において，電流分布を最小にする給電方法を電流給電という．
2. 給電点において，電圧分布を最小にする給電方法を電圧給電という．
3. 給電点において，電流分布を最小にする給電方法を電圧給電という．
4. 給電点において，電圧分布を最大にする給電方法を電流給電という．

解説 → 問125

解説図に八木アンテナの構造と指向性を示す．半波長ダイポールアンテナを用いた長さが1/2波長の放射器の近く(約1/8から1/4波長)に，1/2波長より少し短い導波器と少し長い反射器を図(a)のように配置した構造である．

給電する素子は放射器のみなので，給電線は放射器につなぐ．

指向性は図(b)のように導波器の方向に単方向の鋭い指向性を持つ．

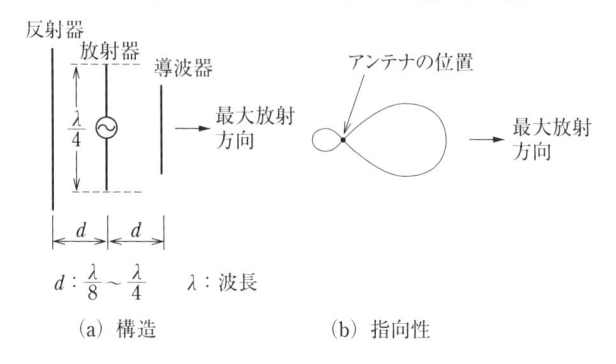

```
    反射器
     放射器
      導波器              アンテナの位置
   λ/4                                       最大放射
       ─→ 最大放射                           方向
            方向
    ├d┤d┤
   d : λ/8 ～ λ/4    λ : 波長
    (a) 構造              (b) 指向性
```

解説 → 問126

八木アンテナは接地アンテナの一種ではない．接地アンテナとしては，給電線の片方を接地して給電する1/4波長垂直接地アンテナがある．

鋭い指向性を持つアンテナを指向性アンテナという

解説 → 問127

送受信機とアンテナを接続する導線が給電線である．給電線から放射される電波が弱いことが電気的条件に含まれる．

解説 → 問128

給電線として平行2線式給電線を用いる場合に，給電線に定在波電圧を発生させて給電する方法がある．

給電線をアンテナに接続する給電点において，電圧分布を最大にする給電方法を電圧給電という．また，給電点の電流分布を最大にする給電方法を電流給電という．

電流の最大点が電圧の最小点であり，電圧の最大点が電流の最小点となるので，給電点において電流を最小にする給電方法は電圧給電である．

解答 問125→1　問126→4　問127→3　問128→3

出題傾向 問127 「誘電損」が「誘電体損失」となっている問題もある．答えは同じ．

問 129

次の記述の□内に入れるべき字句の組合せで，正しいのはどれか．

(1) D層とは，地上約 A 〔km〕付近に昼間発生する電離層のことをいう．
(2) スポラジックE層とは，地上約 B 〔km〕付近に突発的に発生する電離層のことをいい，わが国では C の昼間に多く発生する．

	A	B	C
1	30〜50	50	春
2	60〜90	100	夏
3	150	200	秋
4	300	400	冬

問 130

次の記述の□内に入れるべき字句の組合せで，正しいのはどれか．

電離層のF層は，地上約 A 〔km〕付近の高さを中心に存在している．F層にはF_1層とF_2層があり，F_1層はF_2層より高さが B ．

	A	B
1	50	低い
2	100	高い
3	300	低い
4	500	高い

解説 → 問129

　電離層の地上からの高さは，D層は約60〜90〔km〕，E層とスポラジックE層（E_S層）の高さは約100〔km〕である．

　電離層は，解説図のように地上からの高さが約60〜約400〔km〕の距離にある電波の伝わり方に影響を与える層で，電波を反射，屈折，吸収する性質を持っている．電離層は，薄い空気の分子が太陽の影響によって電子とイオンに分離されてできた層で，季節や昼夜によって電子密度が大きく変化する．

　スポラジックE層は，E層と同じ高さに突発的に狭い地域で発生する電離層で，日本では夏季の昼間に多く発生し電子密度が大きいので，超短波の電波を反射することがある．

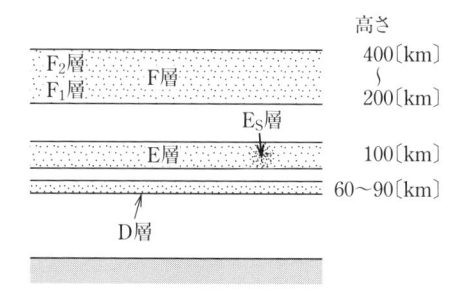

```
                                    高さ
    ┌─────────────────────┐      400〔km〕
    │ $F_2$層    F層      │       〜
    │ $F_1$層             │      200〔km〕
    ├─────────────────────┤
    │         $E_S$層 ↓   │
    ├─────────────────────┤
    │         E層         │      100〔km〕
    ├─────────────────────┤
    │         ↑           │      60〜90〔km〕
    │         D層         │
    └─────────────────────┘
```

解説 → 問130

　電離層のF層は，地上約300〔km〕付近の高さを中心に約200〔km〕〜400〔km〕の高さに存在している．F層には地上約200〔km〕の高さのF_1層と地上約350〔km〕のF_2層がある．F_1層はF_2層より高さが低い．

解答 問129 → 2　　問130 → 3

問 131

次の記述の □ 内に入れるべき字句の組合せで，正しいのはどれか．

短波（HF）帯の電波伝搬において，地上から上空に向かって垂直に発射された電波は，A より B と電離層を突き抜けるが，これより C と反射して地上に戻ってくる．

	A	B	C
1	最低使用可能周波数（LUF）	低い	高い
2	最低使用可能周波数（LUF）	高い	低い
3	臨界周波数	低い	高い
4	臨界周波数	高い	低い

問 132

次の記述の □ 内に入れるべき字句の組合せで，正しいのはどれか．

電波が電離層を突き抜けるときの減衰は，周波数が低いほど A ．反射するときの減衰は，周波数が低いほど B なる．

	A	B
1	大きく	大きく
2	大きく	小さく
3	小さく	大きく
4	小さく	小さく

問 133

3.5〔MHz〕から 28〔MHz〕までのアマチュアバンドにおいて，遠距離通信に利用する電波の伝わり方はどれか．

1 直接波
2 対流圏波
3 大地反射波
4 電離層波

解説 ➡ 問131

地上から上空に向けて発射されたある周波数の電波は，電離層で反射して地上に戻ってくるが，電波の周波数を高くしていくと電離層を突き抜けて地上に戻らなくなる．このとき反射する最高の周波数を臨界周波数という．

臨界周波数より高い周波数の電波は電離層を突き抜けるが，臨界周波数より低い周波数の電波は電離層で反射して地上に戻ってくる．

解説 ➡ 問132

電離層で反射するときは，周波数が高い電波ほど層内の奥の方で反射するので，周波数が高いほど減衰が大きくなり，周波数が低いほど減衰が小さくなる．

> 突き抜ける減衰は，周波数が低いほど大．
> 反射の減衰は，周波数が低いほど小

解説 ➡ 問133

送信点から受信点まで，いろいろな電波の伝わり方を解説図に示す．

短波（HF：3～30〔MHz〕）帯の遠距離通信に用いる電波は電離層波である．短波帯の電波は，電離層で反射するので電離層反射波が電離層と地球表面との間で反射を繰り返しながら地球の裏側の遠距離まで伝わることがある．

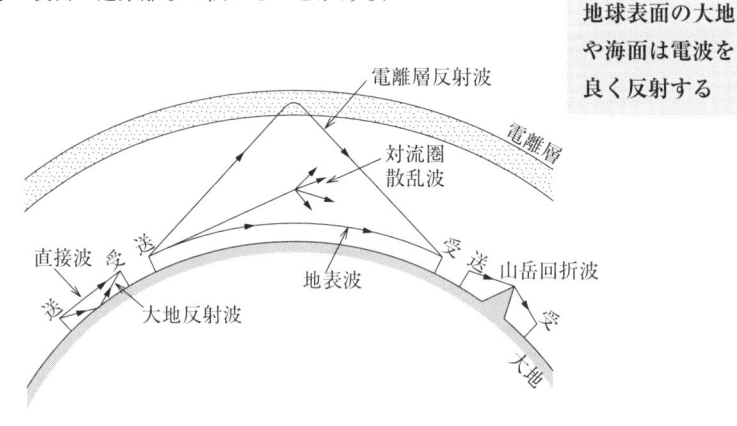

> 地球表面の大地や海面は電波を良く反射する

電離層反射波／対流圏散乱波／直接波／大地反射波／地表波／山岳回折波／電離層／大地

解答 問131 ➡ 4　問132 ➡ 2　問133 ➡ 4

問 134

次の記述の□内に入れるべき字句の組合せで，正しいものはどれか．

送信所から発射された短波（HF）帯の電波が，　A　で反射されて，初めて地上に達する地点と送信所との地上距離を　B　という．

	A	B
1	電離層	焦点距離
2	電離層	跳躍距離
3	大地	焦点距離
4	大地	跳躍距離

問 135

次の記述の□内に入れるべき字句の組合せで，正しいのはどれか．

送信所から短波帯の電波を発射したとき，　A　が減衰して受信されなくなった地点から，　B　が最初に地表に戻ってくる地点までを不感地帯という．

	A	B
1	直接波	電離層反射波
2	地表波	大地反射波
3	直接波	大地反射波
4	地表波	電離層反射波

問 136

次の記述は，短波（HF）帯の電波の電離層伝搬について述べたものである．正しいのはどれか．

1　昼間は低い周波数ではD層とE層を突き抜けてしまうから，高い周波数を用いる．
2　昼間は高い周波数ではD層とE層に吸収されてしまうから，低い周波数を用いる．
3　夜間は高い周波数ではE層とF層を突き抜けてしまうから，低い周波数を用いる．
4　夜間は低い周波数ではE層とF層を突き抜けてしまうから，高い周波数を用いる．

解説 → 問134

解説図のように電離層反射波は電離層に斜めに入射した方が，高い周波数でも反射するようになる．使用する周波数によっては入射角がある角度以上にならないと反射しないので，電離層で反射して最初に地上に戻ってくる距離以上にならないと，電離層反射波は伝わらない．

このとき，送信所から発射された短波（HF）帯の電波が，電離層で反射されて初めて地上に達する地点と送信所との距離を跳躍距離という．

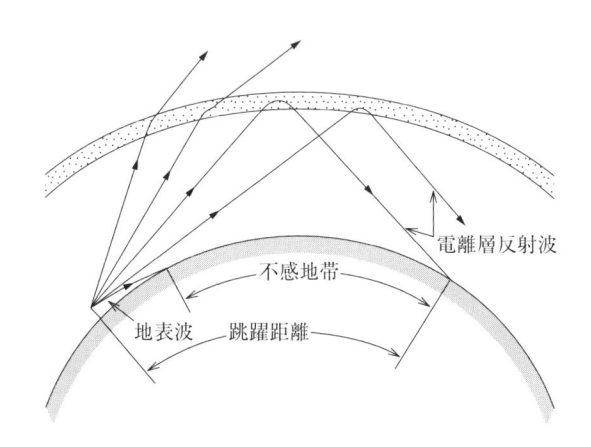

解説 → 問135

送信所から短波帯の電波を発射したとき，地表波はある距離以上になると減衰して受信できなくなる．この地点から電離層に斜めに入射して反射した電離層反射波が最初に戻ってくる地点までの距離では，どちらの電波も伝わらない．これらの地点間の距離を不感地帯という．

> 跳躍距離は，初めて電離層反射波が到達する距離
> 不感地帯は，地表波が到達する距離と跳躍距離の間の距離

解説 → 問136

夜間はF層の臨界周波数が低くなり，高い周波数の電波はE層とF層を突き抜け，低い周波数の電波が電離層で反射する．昼間は低い周波数の電波はE層で反射し，高い周波数の電波はF層で反射して伝搬する．

解答 問134→2　問135→4　問136→3

問題

問 137 解説あり！ 正解 ☐ 完璧 ☐ 直前CHECK ☐

昼間に 21〔MHz〕帯の電波で通信を行っていたが，夜間になって遠距離の地域が通信不能となった．そこで周波数帯を切り替えたところ再び通信が可能となった．通信を可能にした周波数帯は次のうちどれか．

1　7〔MHz〕帯
2　28〔MHz〕帯
3　50〔MHz〕帯
4　144〔MHz〕帯

問 138 解説あり！ 正解 ☐ 完璧 ☐ 直前CHECK ☐

短波の電離層伝搬における記述で，正しいのは次のうちどれか．

1　最高使用可能周波数（MUF）は，送受信点間の距離が変わっても一定である．
2　最高使用可能周波数（MUF）の 50 パーセントの周波数を最適使用周波数（FOT）という．
3　最低使用可能周波数（LUF）以下の周波数の電波は，電離層の第1種減衰が大きいため，電離層伝搬による通信に使用できない．
4　最高使用可能周波数（MUF）は，臨界周波数より低い．

問 139 解説あり！ 正解 ☐ 完璧 ☐ 直前CHECK ☐

図は短波（HF）帯における，ある2地点間の MUF/LUF 曲線の例を示したものであるが，この区間における 16 時（JST）の最適使用周波数（FOT）の値として，最も近いのはどれか．ただし，MUF は最高使用可能周波数，LUF は最低使用可能周波数を示す．

1　4〔MHz〕
2　7〔MHz〕
3　10〔MHz〕
4　14〔MHz〕

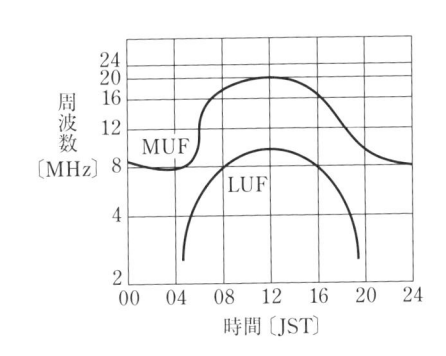

解説 →問137

短波帯(HF：3～30〔MHz〕)の電波は電離層で反射する．夜間は低い周波数の電波が電離層で反射する．超短波帯(VHF：30～300〔MHz〕)と極超短波帯(UHF：300～3,000〔MHz〕)の電波は電離層を突き抜ける．

解説 →問138

電波の周波数が低いほど，低い高さの電離層を突き抜けるときの第1種減衰が大きい．誤っている選択肢は，
1　最高使用可能周波数(MUF)は，送受信点間の距離が変わると異なる．
2　最高使用可能周波数(MUF)の85パーセントの周波数を最適使用周波数(FOT)という．
4　最高使用可能周波数(MUF)は，臨界周波数より高い．

電波が電離層を突き抜けるときに受ける減衰を第1種減衰，反射するときに受ける減衰を第2種減衰という

解説 →問139

問題の図の横軸の16時(JST)とMUF曲線から，縦軸の周波数を読み取ると，16時のMUFは16〔MHz〕である．このときのFOTは次式で表される．

FOT＝0.85×MUF
　　＝0.85×16＝13.6≒14〔MHz〕

解答　問137→1　問138→3　問139→4

問139　08時(JST)の問題も出題されている．答えは，
FOT＝0.85×MUF＝0.85×17＝14.4≒14〔MHz〕
12時(JST)の問題も出題されている．答えは，
FOT＝0.85×MUF＝0.85×20＝17〔MHz〕

問 140

次の記述は，スポラジックE層について述べたものである．正しいのはどれか．

1 高さは，D層とほぼ同じである．
2 冬季の昼間に多く発生する．
3 電子密度は，E層より大きい．
4 マイクロ波（SHF）帯の電波を反射する．

問 141

次の記述の 内に入れるべき字句の組合せで，正しいのはどれか．

(1) 電離層における電波の第1種減衰が，時間と共に変化するために生ずるフェージングを A 性フェージングという．

(2) 電離層反射波は，地球磁界の影響を受けて，だ円偏波となって地上に到達する．このだ円軸が時間的に変化するために生ずるフェージングを B 性フェージングという．

	A	B
1	吸収	偏波
2	吸収	干渉
3	干渉	跳躍
4	干渉	偏波

解説 → 問140

スポラジックE層の電子密度は，E層より大きい．

スポラジックE層（E$_S$層）は，地上から約100〔km〕のE層と同じ高さに突発的に狭い地域で発生する．日本では夏季の昼間に多く発生し，E層より電子密度が大きいのでVHF（超短波：30〜300〔MHz〕）の電波も反射することがある．VHF帯のうち，主に100〔MHz〕以下のVHF帯の電波が反射するので，アマチュアバンドでは50〔MHz〕帯の電波がスポラジックE層で反射して遠距離まで伝搬することがある．

解説 → 問141

電波を受信していると受信電波が強くなったり弱くなったりすることがある．これをフェージングという．

短波帯の電波は電離層のD層およびE層を通過して，F層で反射する．電離層を通過するときに受ける第1種減衰が時間とともに変化するためにフェージングが発生する．これを吸収性フェージングという．また，電離層で反射するときに受ける第2種減衰が時間とともに変化するときも発生する．

電離層反射波が，地球磁界の影響を受けてファラデー回転という現象が発生する．このとき，垂直偏波や水平偏波は偏波面が回転してだ円偏波となって地上に到達する．このだ円軸が時間的に変化するときに発生するフェージングを偏波性フェージングという．

また，電離層反射波が異なる通路を通って受信点に到着することによって電波が干渉するとフェージングが発生する．これを干渉性フェージングという．干渉とは，二つの電波が伝わるときに，通路差があると位相差が生じて，合成波に強弱が生じること．

解答　問140→3　問141→1

問 142

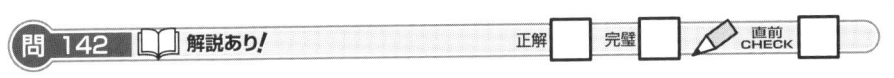

次の記述の □ 内に入れるべき字句の組合せで，正しいのはどれか．

図に示す熱電(対)形電流計の原理図において，aの部分は A で，bの部分は B であり，指示計に C 形計器が用いられる．

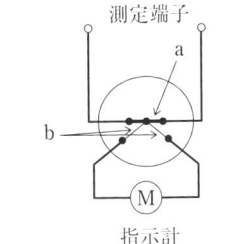

	A	B	C
1	サーミスタ	リッツ線	永久磁石可動コイル
2	サーミスタ	熱電対	誘導
3	熱線	リッツ線	誘導
4	熱線	熱電対	永久磁石可動コイル

問 143

次の記述の □ 内に入れるべき字句の組合せで，正しいものはどれか．

図に示す熱電対形電流計は，直流および交流の A を測定でき，図中のaの部分のインピーダンスが極めて B ため高周波電流の測定にも適する．

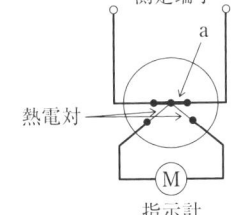

	A	B
1	実効値	大きい
2	実効値	小さい
3	平均値	小さい
4	平均値	大きい

問 144

次の記述の □ の部分に当てはまる字句の組合せで，正しいのはどれか．

分流器は A の測定範囲を広げるために用いられるもので，計器に B に接続して用いる．

	A	B		A	B
1	電圧計	並列	2	電流計	直列
3	電流計	並列	4	電圧計	直列

解説 → 問142

熱電形計器は熱電対形計器とも呼び，永久磁石可動コイル形計器に熱線と熱電対を組み合わせた構造である．熱線を流れる電流による発熱によって，熱電対に起電力が発生するので，その電流を永久磁石可動コイル形計器で測定する．

永久磁石可動コイル形計器は感度が良いので，熱電対に発生する微少な電流を正確に測定することができる．

> 熱電対に熱起電力が発生する現象をゼーベック効果という

解説 → 問143

問題の図のaは熱線である．熱線を流れる電流による発熱によって，熱電対に起電力が発生するので，その電流を永久磁石可動コイル形電流計で測定する．

直流および交流の実効値を測定することができる．測定される高周波電流が流れるのは短い熱線だから，測定器のインピーダンスが小さいので高周波電流の測定に適している．

> インピーダンスは，抵抗とリアクタンスを合成した値

解説 → 問144

分流器は電流計の測定範囲を広げるために用いられるもので，解説図のように電流計と並列に接続して用いられる抵抗である．電流計の内部抵抗を r 〔Ω〕，測定範囲の倍率を N とすれば，分流器の抵抗 R 〔Ω〕は次式で表される．

$$R = \frac{r}{N-1} \, [\Omega]$$

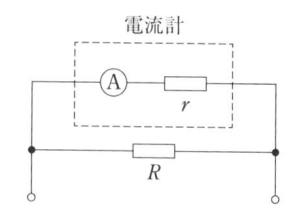

> 並列接続された抵抗と電流は反比例する．小さい抵抗を並列に接続すると，大きな電流を流すことができる

電流計

Ⓐ r

R

解答 問142 → 4　　問143 → 2　　問144 → 3

問 145 解説あり！

最大目盛値5〔mA〕，内部抵抗1.8〔Ω〕の直流電流計がある．これを最大目盛値が50〔mA〕にするための分流器の値として，正しいのは次のうちどれか．

1　5〔Ω〕
2　1〔Ω〕
3　0.5〔Ω〕
4　0.2〔Ω〕

> **ヒント：** 測定範囲の倍率 N，内部抵抗 r，分流器 R は，次式で表される．
> $$R = \frac{r}{N-1} \ [\Omega]$$

問 146 解説あり！

電流計において，分流器の抵抗 R をメータの内部抵抗 r の4分の1の値に選ぶと，測定範囲は何倍になるか．

1　3倍
2　4倍
3　5倍
4　6倍

問 147 解説あり！

次の記述の□□内に当てはまる字句の組合せで，正しいのはどれか．

倍率器は　A　の測定範囲を広げるために用いられるもので，計器に　B　に接続して用いる．

	A	B
1	電流計	並列
2	電流計	直列
3	電圧計	並列
4	電圧計	直列

解説 →問145

電流計のみの最大目盛値を $I_A = 5$ 〔mA〕, 分流器を付けた電流計の最大目盛値を $I = 50$ 〔mA〕とすると, 測定範囲の倍率 N は次式で表される.

$$N = \frac{I}{I_A} = \frac{50}{5} = 10$$

電流計の内部抵抗を $r = 1.8$ 〔Ω〕とすると, 分流器の抵抗 R 〔Ω〕は,

$$R = \frac{r}{N-1} = \frac{1.8}{10-1} = \frac{1.8}{9} = 0.2 \text{〔Ω〕}$$

解説 →問146

$R = \dfrac{r}{N-1}$ より, $(N-1) \times R = r$

ここで, $R = \dfrac{r}{4}$ を代入すれば,

$(N-1) \times \dfrac{r}{4} = r$

より, $N-1 = 4$ したがって $N = 5$

> 分流器の抵抗は, メータの内部抵抗の1/4だから, メータを流れる電流の4倍の電流が分流器を流れる. メータを流れる電流を加えれば測定電流は5倍になる

解説 →問147

倍率器は電圧計の測定範囲を広げるために用いられるもので, 電圧計と直列に接続して用いられる抵抗である. 電圧計の内部抵抗を r 〔Ω〕, 測定範囲の倍率を N とすれば, 倍率器の抵抗 R 〔Ω〕は次式で表される.

$$R = (N-1) \times r \text{〔Ω〕}$$

解答 問145→4　問146→3　問147→4

出題傾向

問145　$I_A = 1$ 〔mA〕, $I = 10$ 〔mA〕, $r = 0.9$ 〔Ω〕の問題も出題されている.

$N = 10$, 答えは, $R = \dfrac{0.9}{10-1} = 0.1$ 〔Ω〕

$I_A = 1$ 〔mA〕, $I = 5$ 〔mA〕, $r = 0.4$ 〔Ω〕の問題も出題されている.

$N = 5$, 答えは, $R = \dfrac{0.4}{5-1} = 0.1$ 〔Ω〕

問 148

内部抵抗50〔kΩ〕の電圧計の測定範囲を20倍にするには，直列抵抗器（倍率器）の抵抗値を幾らにすればよいか．

1　2.5〔kΩ〕　　2　25〔kΩ〕　　3　950〔kΩ〕　　4　1,000〔kΩ〕

問 149

図に示すように，破線で囲んだ電圧計 V_o に，V_o の内部抵抗 r の3倍の値の直列抵抗器（倍率器）R を接続すると，測定範囲は V_o の何倍になるか．

1　2倍
2　3倍
3　4倍
4　5倍

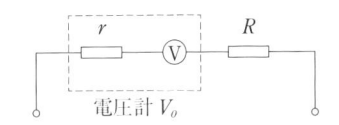

電圧計 V_o

問 150

図は，デジタル電圧計の原理的な構成例を示したものである．図の□□内に入れるべき字句の組合せで，正しいのは次のうちどれか．

	A	B
1	A-D 変換器	計数回路
2	A-D 変換器	検波回路
3	直流増幅器	計数回路
4	直流増幅器	検波回路

測定端子 → A → B → 表示回路

問 151

測定器を利用して行う操作のうち，定在波比測定器（SWRメータ）が使用されるのは，次のうちどれか．

1　共振回路の共振周波数を測定するとき．
2　送信周波数を測定するとき．
3　寄生発射の有無を調べるとき．
4　アンテナと給電線との整合状態を調べるとき．

解説 → 問148

電圧計の内部抵抗を r〔kΩ〕，測定範囲の倍率を N とすれば，倍率器の抵抗 R〔kΩ〕は，次式で表される．

$R = (N-1) \times r$
$= (20-1) \times 50 = 19 \times 50 = 950$〔kΩ〕

> メータに1倍分の電圧が加わるので，倍率器に加わる電圧は19倍になるので，抵抗も19倍になる

解説 → 問149

測定範囲の倍率 N，電圧計の内部抵抗 r より，倍率器の抵抗 R は，

$R = (N-1) \times r$

$R = 3 \times r$ を代入して N を求めると，

$3 \times r = (N-1) \times r$

より，　$3 = N - 1$　したがって，$N = 4$

> 倍率器の抵抗は，メータの内部抵抗の3倍だから，メータに加わる電圧の3倍の電圧が倍率器に加わる．メータに加わる電圧を加えれば測定電圧は4倍になる

解説 → 問150

デジタル電圧計は，測定値を表示器に数字で表示する測定器である．

アナログ電圧をパルス数に変換するA-D変換器，パルス数を数える計数回路，測定値を数字で表示する表示回路によって構成されている．

解説 → 問151

定在波比測定器（SWRメータ）は，アンテナと給電線の整合状態を調べるときに使用される．

誤っている選択肢は，
1 　共振回路の共振周波数を測定するときは，ディップメータを使用する．
2 　送信周波数を測定するときは，周波数カウンタ等の周波数測定器を使用する．
3 　寄生発射の有無を調べるときは，スペクトラムアナライザを使用する．

解答　問148→3　問149→3　問150→1　問151→4

出題傾向　問149　倍率器の抵抗 R が，電圧計の内部抵抗 r の2倍とした問題も出題されている．
$2 \times r = (N-1) \times r$　より，　$2 = N - 1$　答えは，$N = 3$

問 152

定在波比測定器(SWRメータ)を使用して、アンテナと同軸給電線の整合状態を正確に調べるとき、同軸給電線のどの部分に挿入したらよいか.

1 同軸給電線の中央の部分
2 同軸給電線の任意の部分
3 同軸給電線の，アンテナの給電点に近い部分
4 同軸給電線の，送信機の出力端子に近い部分

問 153

ディップメータの用途で，正しいのは次のうちどれか.

1 アンテナのSWRの測定
2 高周波電圧の測定
3 送信機の占有周波数帯幅の測定
4 同調回路の共振周波数の測定

問 154

オシロスコープで図に示すような波形を観測した．この波形の繰り返し周波数の値として，正しいのは次のうちどれか．ただし，横軸(掃引時間)は，1目盛り当たり0.5〔ms〕とする．

1 0.25〔kHz〕
2 0.5〔kHz〕
3 1.0〔kHz〕
4 2.5〔kHz〕

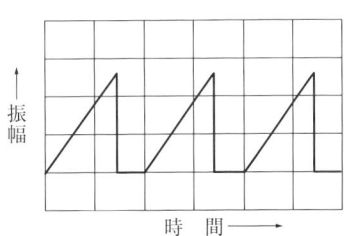

ヒント：周期 T，周波数 f は，次式で表される．

$$f = \frac{1}{T} \text{〔Hz〕}$$

解説 → 問152

アンテナと給電線の整合状態を正確に調べるときは，定在波比測定器（SWRメータ）をアンテナの給電点に近い部分に挿入して測定する．

SWRは給電線上の電圧の最大値 V_{max} と最小値 V_{min} の比であり給電線の位置に関係するので，SWRメータを挿入する給電線の位置によって測定に誤差を生ずることがある．

SWRは，Standing（スタンディング／定在）Wave（ウェーブ／波）Ratio（レシオ／比）のこと

解説 → 問153

ディップメータは，同調回路の共振周波数の測定に用いられる．

ディップメータは，LC発振器と電流計を組み合わせた測定器である．おおよその周波数を読み取るダイヤルが付いているので，LC共振回路の共振周波数，アンテナの共振周波数，発振回路の発振周波数，送信機のおおよその送信周波数や寄生発射の有無などを測定することができる．

解説 → 問154

波形の1周期 T〔ms〕は，問題の図において横軸の2目盛りだから，1目盛が0.5〔ms〕なので，次式で表される．

$T = 0.5 \times 2 = 1 \text{〔ms〕} = 10^{-3} \text{〔s〕}$

求める周波数 f〔Hz〕は，

$f = \dfrac{1}{T} = \dfrac{1}{10^{-3}} = 10^3 = 1,000 \text{〔Hz〕} = 1 \text{〔kHz〕}$

解答 問152→3　問153→4　問154→3

出題傾向 問154　同じ波形で1目盛が1〔ms〕の問題も出題されている．
答えは，$f = \dfrac{1}{T} = \dfrac{1}{2 \times 10^{-3}} = 0.5 \times 10^3 \text{〔Hz〕} = 0.5 \text{〔kHz〕}$

問 155

図は，位相同期ループ（PLL）を用いた発振器の構成例を示したものである．□□□内に入れるべき字句で，正しいのは次のうちどれか．

1 高域フィルタ（HPF）
2 帯域消去フィルタ（BEF）
3 帯域フィルタ（BPF）
4 低域フィルタ（LPF）

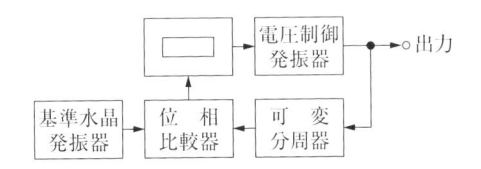

問 156

周波数カウンタの測定原理として，正しいのは次のうちどれか．

1 コイルと可変コンデンサで構成された同調回路を被測定信号の周波数に共振させたとき，可変コンデンサの目盛りから周波数を読み取る．
2 基準周波数により一定の時間を区切り，その時間中に含まれる被測定周波数のサイクル数を数えて周波数を求める．
3 水晶発振器によって，周波数を正確に校正した補間発振器の高調波と，被測定周波数とのゼロビートを取り，このときの補間発振器の周波数から求める．
4 同軸管の共振を利用したもので，共振波長と短絡板の位置をあらかじめ校正しておくことにより，短絡板の位置から波長を読み取り周波数を求める．

解説 → 問155

位相同期ループ（PLL）発振器は，標準信号発生器などの発振回路として用いられている．

位相同期ループ発振器は基準水晶発振器，位相比較器，低域フィルタ（LPF），電圧制御発振器，可変分周器で構成される．

> 標準信号発生器は，受信機の感度測定などに用いられる測定器

電圧制御発振器の出力は，可変分周器によって基準水晶発振器と同じ周波数に分周される．これらの周波数を位相比較器で比較して，電圧制御発振器の発振周波数を基準水晶発振器の発振周波数に同期させることで，安定な高周波を発振することができる．また，可変分周器の分周比を切り替えることによって発振周波数を変化させることができる．

解説 → 問156

周波数カウンタは測定しようとする周波数を数字表示で直読できる測定器である．構成図を解説図に示す．

正弦波などの入力信号は，増幅回路，波形整形回路，パルス変換回路によって入力周波数に同期したパルス波に変換される．

基準周波数により制御されたゲート回路で一定の時間を区切り，その時間中に含まれている被測定周波数に同期したパルスのサイクル数を，計数回路で数えることによって周波数を求める．周波数は表示回路によって数字で表示される．

誤っている選択肢の1はディップメータ，3はヘテロダイン周波数計，4は空洞周波数計のことである．

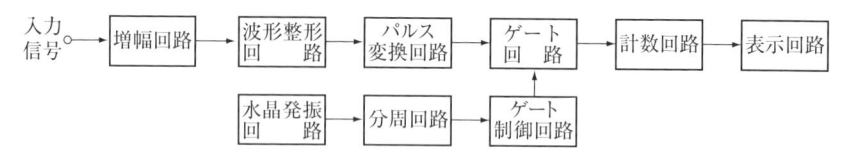

解答 問155 → 4　　問156 → 2

問 157

次の記述は，電波法の目的について，同法の規定に沿って述べたものである．□内に入れるべき字句を下の番号から選べ．

この法律は，電波の公平かつ□な利用を確保することによって，公共の福祉を増進することを目的とする．

1 能率的
2 合理的
3 経済的
4 積極的

問 158

次の記述は，電波法の目的について，同法の規定に沿って述べたものである．□内に入れるべき字句を下の番号から選べ．

この法律は，電波の□を確保することによって，公共の福祉を増進することを目的とする．

1 公平な利用
2 能率的な利用
3 有効な利用
4 公平かつ能率的な利用

問 159

電波法に規定する「無線局」の定義は，次のどれか．

1 無線設備及び無線設備の操作を行う者の総体をいう．但し，受信のみを目的とするものを含まない．
2 送信装置及び受信装置の総体をいう．
3 送受信装置及び空中線系の総体をいう．
4 無線通信を行うためのすべての設備をいう．

問題

問 160

次の文は，電波法施行規則に規定する「アマチュア業務」の定義であるが，□内に入れるべき字句を下の番号から選べ．

金銭上の利益のためでなく，もっぱら個人的な□の興味によって行う自己訓練，通信及び技術的研究その他総務大臣が別に告示する業務を行う無線通信業務をいう．

1　無線技術
2　通信技術
3　電波科学
4　無線通信

問 161

総務大臣又は総合通信局長（沖縄総合通信事務所長を含む．）が無線局の再免許の申請を行った者に対して，免許を与えるときに指定する事項はどれか．次のうちから選べ．

1　通信の相手方
2　無線設備の設置場所
3　空中線の型式及び構成
4　電波の型式及び周波数

解答　問157→1　問158→4　問159→1

問 162

総務大臣又は総合通信局長(沖縄総合通信事務所長を含む.)が無線局の再免許の申請を行った者に対して，免許を与えるときに指定する事項はどれか．次のうちから選べ．

1　空中線電力
2　発振及び変調の方式
3　無線設備の設置場所
4　空中線の型式及び構成

問 163

総務大臣又は総合通信局長(沖縄総合通信事務所長を含む.)が無線局の再免許の申請を行った者に対して，免許を与えるときに指定する事項でないものはどれか．次のうちから選べ．

1　運用許容時間
2　電波の型式及び周波数
3　空中線電力
4　無線設備の設置場所

問 164

日本の国籍を有する人が開設するアマチュア局の免許の有効期間は，次のどれか．

1　無期限
2　無線設備が使用できなくなるまで
3　免許の日から起算して5年
4　免許の日から起算して10年

問題

問 165

アマチュア局(人工衛星に開設するアマチュア局及び人工衛星に開設するアマチュア局の無線設備を遠隔操作するアマチュア局を除く.)の再免許の申請は，いつ行わなければならないか，正しいものを次のうちから選べ.

1 免許の有効期間満了前1箇月まで
2 免許の有効期間満了前2箇月まで
3 免許の有効期間満了前1箇月以上6箇月を超えない期間
4 免許の有効期間満了前2箇月以上6箇月を超えない期間

問 166

電波法の規定によりアマチュア局の免許状に記載される事項はどれか，次のうちから選べ.

1 工事落成の期限
2 通信方式
3 免許人の住所
4 空中線の型式

問 167

無線局の免許状に記載される事項でないものは，次のどれか.

1 電波の型式及び周波数
2 運用許容時間
3 発振の方式
4 空中線電力

解答 問160→1　問161→4　問162→1　問163→4　問164→3

ミニ解説
問161〜163 再免許のときには，次の事項が指定される．電波の型式及び周波数，呼出符号又は呼出名称(識別信号)，空中線電力，運用許容時間．
問163 指定する事項ではないものを答えることに注意．

問 168

無線局の免許状に記載される事項でないものは，次のどれか．

1　無線局の目的
2　免許人の住所
3　免許の有効期間
4　無線従事者の資格

問 169

無線局の免許状に記載される事項に該当しないものは，次のどれか．

1　免許人の住所
2　通信の相手方及び通信事項
3　無線局の種別
4　空中線の型式

問 170

次の記述は，無線局の通信の相手方の変更等に関する電波法の規定である．　　　内に入れるべき字句を下の番号から選べ．

免許人は，通信の相手方，通信事項若しくは無線設備の設置場所を変更し，又は無線設備の変更の工事をしようとするときは，あらかじめ総務大臣の　　　を受けなければならない．

1　再免許
2　許可
3　審査
4　指示

問題

問 171

次の記述は，無線局の無線設備の設置場所の変更等について述べたものである．□□□内に入れるべき字句を下の番号から選べ．

免許人は，無線設備の設置場所を変更し，又は無線設備の変更の工事をしようとするときは，あらかじめ総務大臣の□□□を受けなければならない．

1　再免許　　　2　許可　　　3　審査　　　4　指示

問 172

アマチュア局の免許人が，あらかじめ総合通信局長（沖縄総合通信事務所長を含む．）の許可を受けなければならない場合は，次のどれか．

1　免許状の訂正を受けようとするとき．
2　無線局の運用を休止しようとするとき．
3　無線設備の設置場所を変更しようとするとき．
4　無線局を廃止しようとするとき．

問 173

免許人が無線設備の設置場所を変更しようとするときの手続は，次のどれか．

1　あらかじめ総務大臣の指示を受ける．
2　あらかじめ総務大臣の許可を受ける．
3　直ちにその旨を総務大臣に報告する．
4　直ちにその旨を総務大臣に届け出る．

解答
問165→3　　問166→3　　問167→3　　問168→4　　問169→4
問170→2

ミニ解説
問166　無線局の免許状には次の事項が記載される．免許人の氏名又は名称及び住所，無線局の種別，無線局の目的，通信の相手方及び通信事項，無線設備の設置場所，免許の有効期間，識別信号，電波の型式及び周波数，空中線電力，運用許容時間．

問167 ～169　記載される事項ではないものを答えることに注意．

問題

問 174

免許人が無線設備の設置場所を変更しようとするときは，どうしなければならないか，正しいものを次のうちから選べ．

1　あらかじめ総務大臣に申請し，その許可を受けなければならない．
2　あらかじめ総務大臣に届け出て，その指示を受けなければならない．
3　あらかじめ免許状の訂正を受けた後，無線設備の設置場所を変更しなければならない．
4　無線設備の設置場所を変更した後，総務大臣に届け出なければならない．

問 175

アマチュア局の免許人が，総務省令で定める場合を除き，あらかじめ総合通信局長（沖縄総合通信事務所長を含む．）の許可を受けなければならない場合は，次のどれか．

1　無線局を廃止しようとするとき．
2　免許状の訂正を受けようとするとき．
3　無線局の運用を休止しようとするとき．
4　無線設備の変更の工事をしようとするとき．

問 176

免許人が無線設備の変更の工事（総務省令で定める軽微な事項を除く．）をしようとするときの手続は，次のどれか．

1　直ちにその旨を総務大臣に報告する．
2　直ちにその旨を総務大臣に届け出る．
3　あらかじめ総務大臣の許可を受ける．
4　あらかじめ総務大臣の指示を受ける．

問題

問 177

免許人は，無線設備の変更の工事(総務省令で定める軽微な事項を除く.)をしようとするときは，どうしなければならないか，正しいものを次のうちから選べ．

1　適宜工事を行い，工事完了後その旨を総務大臣に届け出なければならない．
2　あらかじめ総務大臣にその旨を届け出なければならない．
3　あらかじめ総務大臣の指示を受けなければならない．
4　あらかじめ総務大臣の許可を受けなければならない．

問 178

免許人が周波数の指定の変更を受けようとするときは，どのようにしなければならないか，次のうちから選べ．

1　その旨を届け出る．
2　その旨を申請する．
3　あらかじめ指示を受ける．
4　あらかじめ免許状の訂正を受ける．

問 179

免許人は，周波数の指定の変更を受けようとするときは，どうしなければならないか，正しいものを次のうちから選べ．

1　免許状を提出し，訂正を受ける．
2　その旨を申請する．
3　あらかじめその旨を届け出る．
4　あらかじめ指示を受ける．

解答　問171→2　問172→3　問173→2　問174→1　問175→4
　　　　　問176→3

ミニ解説　問172〜176　アマチュア局の免許に関する権限は，総務大臣から総合通信局長(沖縄総合通信事務所長を含む.)に委任されている．試験問題では，「総務大臣」となっているものと，「総合通信局長(沖縄総合通信事務所長を含む.)」があるがどちらも同じ意味．

問 180

次の記述は，無線局の指定事項の変更について，電波法の規定に沿って述べたものである．　　　　内に入れるべき字句を下の番号から選べ．

総務大臣は，免許人が識別信号，電波の型式，　　　　，空中線電力又は運用許容時間の指定の変更を申請した場合において，混信の除去その他特に必要があると認めるときは，その指定を変更することができる．

1　通信方式　　　　　　2　無線設備
3　変調方式　　　　　　4　周波数

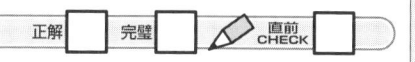

問 181

次の記述は，電波法の規定である．　　　　内に入れるべき字句を下の番号から選べ．

無線局の免許等がその効力を失ったときは，免許人等であった者は，　　　　空中線の撤去その他の総務省令で定める電波の発射を防止するために必要な措置を講じなければならない．

1　遅滞なく　　　　　　2　適当な時期に
3　10日以内に　　　　　4　1箇月以内に

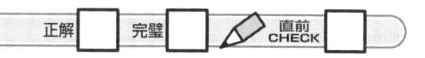

問 182

無線局の免許がその効力を失ったとき，免許人であった者が遅滞なくとらなければならないことになっている措置は，次のどれか．

1　空中線を撤去する．　　　2　無線設備を撤去する．
3　送信装置を撤去する．　　4　受信装置を撤去する．

問 183

次の記述は，電波法施行規則に規定する「送信空中線系」の定義である．□□□内に入れるべき字句を下の番号から選べ．

送信空中線系とは，送信装置の発生する□□□を空中へ輻射する装置をいう．

1　電磁波
2　高周波エネルギー
3　寄生発射
4　変調用可聴周波数

問 184　解説あり！

電波の型式を表示する記号で，電波の主搬送波の変調の型式が振幅変調で両側波帯のもの，主搬送波を変調する信号の性質がデジタル信号である単一チャネルのものであって変調のための副搬送波を使用しないもの及び伝送情報の型式が電信であって聴覚受信を目的とするものは，次のどれか．

1　F2A　　2　J3E　　3　A1A　　4　F3E

問 185　解説あり！

単一チャネルのアナログ信号で振幅変調した抑圧搬送波による単側波帯の電話（音響の放送を含む．）の電波の型式を表示する記号は，次のどれか．

1　A1A　　2　J3E　　3　F2A　　4　F3E

解答　問177→4　問178→2　問179→2　問180→4　問181→1
　　　問182→1

ミニ解説　問181　「免許等」とは，無線局の免許と登録のこと．アマチュア局の場合は免許．

128

問題

問 186

電波の型式A1Aの電波を使用する送信設備の空中線電力は，総務大臣が別に定めるものを除き，どの電力をもって表示することになっているか，正しいものを次のうちから選べ．

1 平均電力
2 実効輻射電力
3 尖頭電力
4 搬送波電力

問 187

電波の型式J3Eの電波を使用する送信設備の空中線電力は，どの電力をもって表示することになっているか，正しいものを次のうちから選べ．

1 尖頭電力
2 平均電力
3 規格電力
4 搬送波電力

問 188

電波の型式F3Eの電波を使用する送信設備の空中線電力は，総務大臣が別に定めるものを除き，どの電力をもって表示することになっているか，正しいものを次のうちから選べ．

1 平均電力
2 尖頭電力
3 搬送波電力
4 実効輻射電力

問題

📖 解説 ➡ 問184 ➡ 問185

電波の型式の表示

電波の型式を次のように分類し，それぞれに掲げる記号をもって表示する．

一　主搬送波の変調の型式			記号
（1）　振幅変調	（一）	両側波帯	A
	（二）	全搬送波による単側波帯	H
	（三）	抑圧搬送波による単側波帯	J
（2）　角度変調	（一）	周波数変調	F
	（二）	位相変調	G

二　主搬送波を変調する信号の性質　　　　　　　　　　　記号
　（1）　デジタル信号である単一チャネルのもの
　　　　　　　　　　（一）　変調のための副搬送波を使用しないもの　　1
　　　　　　　　　　（二）　変調のための副搬送波を使用するもの　　　2
　（2）　アナログ信号である単一チャネルのもの　　　　　　　　　　　3
　（3）　デジタル信号である2以上のチャネルのもの　　　　　　　　　7
　（4）　アナログ信号である2以上のチャネルのもの　　　　　　　　　8

三　伝送情報の型式　　　　　　　　　　　　　　　　　　記号
　（1）　電信　　（一）　聴覚受信を目的とするもの　　　　　　　　　A
　　　　　　　　（二）　自動受信を目的とするもの　　　　　　　　　B
　（2）　ファクシミリ　　　　　　　　　　　　　　　　　　　　　　C
　（3）　データ伝送，遠隔測定又は遠隔指令　　　　　　　　　　　　D
　（4）　電話（音響の放送を含む．）　　　　　　　　　　　　　　　E
　（5）　テレビジョン（映像に限る．）　　　　　　　　　　　　　　F

電波の型式の表示例

　　A1A　振幅変調の両側波帯，デジタル信号である単一チャネルのものであって変調のための副搬送波を使用しないもの，電信であって聴覚受信を目的とするもの
　　F2A　周波数変調，デジタル信号である単一チャネルのものであって変調のための副搬送波を使用するもの，電信であって聴覚受信を目的とするもの
　　F3E　周波数変調，アナログ信号の単一チャネル，電話
　　J3E　振幅変調の抑圧搬送波による単側波帯，アナログ信号の単一チャネル，電話

解答　問183➡2　　問184➡3　　問185➡2　　問186➡3　　問187➡1
　　　問188➡1

問 189

電波の質を表すものとして，電波法に規定されているものは，次のどれか．

1 空中線電力の偏差　　2 高調波の強度
3 信号対雑音比　　　　4 変調度

問 190

次の記述は，送信設備に使用する電波の質について述べたものである．電波法の規定に照らし，☐内に入れるべき字句を下の番号から選べ．

送信設備に使用する電波の☐及び幅，高調波の強度等電波の質は，総務省令で定めるところに適合するものでなければならない．

1 総合周波数特性　　2 周波数の偏差
3 変調度　　　　　　4 型式

問 191

次の記述は，送信設備に使用する電波の質について述べたものである．電波法の規定に照らし，☐内に入れるべき字句を下の番号から選べ．

送信設備に使用する電波の周波数の偏差及び幅，☐等電波の質は，総務省令で定めるところに適合するものでなければならない．

1 電波の型式　　　　2 信号対雑音比
3 高調波の強度　　　4 変調度

問題

問 192 　正解 □　完璧 □　直前CHECK □

次の記述は，送信設備に使用する電波の質について述べたものである．電波法の規定に照らし，□内に入れるべき字句を下の番号から選べ．

送信設備に使用する電波の□等電波の質は，総務省令で定めるところに適合するものでなければならない．

1　周波数の偏差及び安定度
2　周波数の偏差，空中線電力の偏差
3　周波数の偏差及び幅，空中線電力の偏差
4　周波数の偏差及び幅，高調波の強度

問 193 　正解 □　完璧 □　直前CHECK □

次の記述は，周波数の安定のための条件に関する無線設備規則の規定である．□内に入れるべき字句を下の番号から選べ．

周波数をその許容偏差内に維持するため，□は，できる限り外囲の温度若しくは湿度の変化によって影響を受けないものでなければならない．

1　整流回路
2　増幅回路
3　発振回路の方式
4　変調回路の方式

解答　問189→2　問190→2　問191→3

ミニ解説　問189　誤った選択肢が，「電波の型式」と入れ替わっている問題も出題されている．答えは同じ．

問 194

次の記述は，周波数測定装置の備え付けを要しない送信設備に関する電波法施行規則の規定である．□内に入れるべき字句を下の番号から選べ．

アマチュア局の送信設備であって，当該設備から発射される電波の特性周波数を□パーセント(9kHzを超え526.5kHz以下の周波数の電波を使用する場合は，0.005パーセント)以内の誤差で測定することにより，その電波の占有する周波数帯幅が，当該無線局が動作することを許される周波数帯内にあることを確認することができる装置を備え付けているもの．

1　0.1
2　0.01
3　0.05
4　0.025

問 195

アマチュア局の手送電鍵操作による送信装置は，どのような通信速度でできる限り安定に動作するものでなければならないか．正しいものを次のうちから選べ．

1　通常使用する通信速度
2　その最高運用通信速度より10パーセント速い通信速度
3　25ボーの通信速度
4　50ボーの通信速度

問 196

アマチュア局の送信装置の条件として無線設備規則に規定されているものは，次のどれか．

1　空中線電力を低下させる機能を有してはならない．
2　通信に秘匿性を与える機能を有してはならない．
3　通信方式に変更を生じさせるものであってはならない．
4　変調特性に支障を与えるものであってはならない．

問題

問 197　正解☐　完璧☐　直前CHECK☐

第三級アマチュア無線技士の資格を有する者が操作を行うことができる無線設備は，次のどの周波数を使用するものか．

1　8メガヘルツ以上の周波数
2　8メガヘルツ以上18メガヘルツ以下の周波数
3　18メガヘルツ以下の周波数
4　18メガヘルツ以上又は8メガヘルツ以下の周波数

問 198　正解☐　完璧☐　直前CHECK☐

第三級アマチュア無線技士の資格を有する者が操作を行うことができる無線設備の最大空中線電力はどれか，正しいものを次のうちから選べ．

1　100ワット
2　50ワット
3　25ワット
4　10ワット

問 199　正解☐　完璧☐　直前CHECK☐

無線従事者は，無線通信の業務に従事しているときは，免許証をどのようにしていなければならないか，正しいものを次のうちから選べ．

1　送信装置のある場所の見やすい箇所に掲げる．
2　通信室内に保管する．
3　無線局に備え付ける．
4　携帯する．

解答　問192→4　問193→3　問194→4　問195→1　問196→2

ミニ解説　問196　秘匿性を与える機能を有するとは，交信相手以外のアマチュア局が受信しても通信内容が分からない秘話装置などの装置を使用すること．

問 200

正解 [ ] 完璧 [ ] 直前CHECK [ ]

無線従事者が免許証の訂正による再交付を受けなければならないのは，どのような場合か，次のうちから選べ．

1 氏名を変更したとき．
2 本籍地を変更したとき．
3 現住所を変更したとき．
4 他の無線従事者の資格を取得したとき．

問 201

正解 [ ] 完璧 [ ] 直前CHECK [ ]

無線従事者が免許証を失って再交付を受けた後，失った免許証を発見したときにとらなければならない措置は，次のどれか．

1 発見した免許証を速やかに廃棄する．
2 発見した日から10日以内にその旨を届け出る．
3 発見した日から10日以内に再交付を受けた免許証を返納する．
4 発見した日から10日以内に発見した免許証を返納する．

問 202

正解 [ ] 完璧 [ ] 直前CHECK [ ]

無線従事者は，免許証の再交付を受けた後，失った免許証を発見したときは，どうしなければならないか，正しいものを次のうちから選べ．

1 再交付を受けた免許証を1箇月以内に返納する．
2 発見した免許証を速やかに廃棄処分し，その旨を報告する．
3 発見した免許証を10日以内に返納する．
4 発見した免許証を1箇月以内に返納する．

問題

問 203 正解□ 完璧□ 直前CHECK□

第三級アマチュア無線技士の資格を有する者が氏名に変更を生じたときは，免許証の再交付を受けなければならないが，このために必要な提出書類を次のうちから選べ．

1　所定の様式の申請書及び免許証
2　所定の様式の申請書，免許証，写真1枚及び氏名の変更の事実を証する書類
3　適宜の様式の申請書，免許証及び戸籍謄本
4　適宜の様式の申請書，免許証及び氏名の変更の事実を証する書類

問 204 正解□ 完璧□ 直前CHECK□

無線従事者がその免許証を返納しなければならない場合は，次のどれか．

1　無線設備の操作を5年以上行わなかったとき．
2　無線従事者の免許を受けてから5年を経過したとき．
3　無線従事者の業務に従事することについて停止の処分を受けたとき．
4　無線従事者の免許の取消しの処分を受けたとき．

解答　問197→4　問198→2　問199→4　問200→1　問201→4
　　　　問202→3

ミニ解説
問197〜198　第三級アマチュア無線技士の操作の範囲．
　　　　　空中線電力50ワット以下の無線設備で18メガヘルツ以上又は8メガヘルツ以下の周波数の電波を使用するもの．
問200　無線従事者の免許証には，本籍地や現住所の記載がないので，これらの訂正による再交付を受けることはない．

問題

問 205

アマチュア局を運用する場合において，電波法の規定により，無線設備の設置場所は，遭難通信を行う場合を除き，次のどの書類に記載されたところによらなければならないか．

1 無線局免許申請書
2 無線局事項書
3 免許状
4 免許証

問 206

アマチュア局を運用する場合において，電波法の規定により，識別信号（呼出符号，呼出名称等をいう．）は，遭難通信を行う場合を除き，次のどの書類に記載されたところによらなければならないか．

1 免許証
2 無線局事項書
3 無線局免許申請書
4 免許状

問 207

アマチュア局を運用する場合において，電波法の規定により，電波の型式は，遭難通信を行う場合を除き，次のどの書類に記載されたところによらなければならないか．

1 無線局免許申請書
2 無線局事項書
3 免許状
4 免許証

問題

問 208

アマチュア局を運用する場合は，電波法の規定により，遭難通信を行う場合を除き，免許状に記載されたところによらなければならないことになっているが，次のうち免許状に記載されていないものはどれか．

1 電波の型式及び周波数
2 呼出符号
3 通信方式
4 無線設備の設置場所

問 209

アマチュア局を運用する場合，電波法の規定により，空中線電力は，遭難通信を行う場合を除き，次のどれによらなければならないか．

1 免許状に記載されたものの範囲内で通信を行うため必要最小のもの
2 免許状に記載されたものの範囲内で適当なもの
3 通信の相手方となる無線局が要求するもの
4 無線局免許申請書に記載したもの

問 210

アマチュア局がその免許状に記載された目的又は通信の相手方若しくは通信事項の範囲を超えて運用できる通信は，次のどれか．

1 宇宙無線通信
2 国際通信
3 電気通信業務の通信
4 非常通信

解答 問203→2　問204→4　問205→3　問206→4　問207→3

ミニ解説
問206 問題文の「識別信号（呼出符号，呼出名称等をいう．）」の部分が「呼出符号」と書いてある問題も出題されている．答えは同じ．
問207 問題文の「電波の型式」の部分が「電波の型式及び周波数」と書いてある問題も出題されている．答えは同じ．

問 211

次の記述は，秘密の保護に関する電波法の規定である．□内に入れるべき字句を下の番号から選べ．

何人も法律に別段の定めがある場合を除くほか，□に対して行われる無線通信を傍受してその存在若しくは内容を漏らし，又はこれを窃用してはならない．

1 自己に利害関係のない無線局
2 遠方にある無線局
3 自己に利害関係のある無線局
4 特定の相手方

問 212

次の記述は，秘密の保護に関する電波法の規定である．□内に入れるべき字句を下の番号から選べ．

何人も法律に別段の定めがある場合を除くほか，□に対して行われる無線通信を傍受してその存在若しくは内容を漏らし，又はこれを窃用してはならない．

1 すべての相手方
2 第三者
3 通信の相手方
4 特定の相手方

問題

問 213

次の記述は，秘密の保護に関する電波法の規定である．□内に入れるべき字句を下の番号から選べ．

何人も法律に別段の定めがある場合を除くほか，特定の相手方に対して行われる無線通信を□□□してその存在若しくは内容を漏らし，又はこれを窃用してはならない．

1 記録
2 傍受
3 中継
4 盗聴

問 214

次の記述は，秘密の保護に関する電波法の規定である．□内に入れるべき字句を下の番号から選べ．

何人も法律に別段の定めがある場合を除くほか，特定の相手方に対して行われる無線通信を傍受してその□□□を漏らし，又はこれを窃用してはならない．

1 情報
2 通信事項
3 相手方及び記録
4 存在若しくは内容

解答 問208→3　問209→1　問210→4　問211→4　問212→4

ミニ解説

問208　電波法に規定されているのは，無線設備の設置場所，移動範囲，識別信号（呼出符号，呼出名称等をいう．），電波の型式及び周波数．

問212　誤った選択肢が，「すべての無線局」，「総務大臣が告示する無線局」と入れ替わっている問題も出題されている．答えは同じ．

問 215

無線局運用規則において，無線通信の原則として規定されているものは，次のどれか．

1 無線通信は，長時間継続して行ってはならない．
2 無線通信に使用する用語は，できる限り簡潔でなければならない．
3 無線通信は，有線通信を利用することができないときに限り行うものとする．
4 無線通信を行う場合においては，略符号以外の用語を使用してはならない．

問 216

無線通信の原則として無線局運用規則に規定されているものは，次のどれか．

1 無線通信は，できる限り業務用語を使用して簡潔に行わなければならない．
2 無線通信は，迅速に行うものとし，できる限り速い通信速度で行わなければならない．
3 無線通信は，試験電波を発射した後でなければ行ってはならない．
4 無線通信を行うときは，自局の識別信号を付して，その出所を明らかにしなければならない．

問 217

次の記述は，無線通信の原則に関する無線局運用規則の規定である．　　　内に入れるべき字句を下の番号から選べ．

無線通信は，正確に行うものとし，通信上の誤りを知ったときは，　　　

1 初めから更に送信しなければならない．
2 通報の送信が終わった後，訂正箇所を通知しなければならない．
3 直ちに訂正しなければならない．
4 適宜に通報の訂正を行わなければならない．

問 218

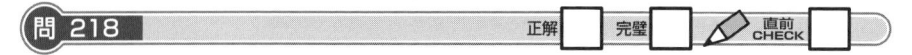

無線通信の原則として無線局運用規則に規定されていないものは，次のどれか．

1 無線通信は，正確に行うものとし，通信上の誤りを知ったときは，通報終了後一括して訂正しなければならない．
2 必要のない無線通信は，これを行ってはならない．
3 無線通信に使用する用語は，できる限り簡潔でなければならない．
4 無線通信を行うときは，自局の呼出符号を付して，その出所を明らかにしなければならない．

問 219

アマチュア局の行う通信に使用してはならない用語は，次のどれか．

1 業務用語
2 普通語
3 暗語
4 略語

問 220

アマチュア局は，自局の発射する電波がテレビジョン放送又はラジオ放送の受信等に支障を与えるときは，非常の場合の無線通信等を行う場合を除き，どうしなければならないか，正しいものを次のうちから選べ．

1 注意しながら電波を発射する．
2 速やかに当該周波数による電波の発射を中止する．
3 障害の程度を調査し，その結果によっては電波の発射を中止する．
4 空中線電力を小さくする．

解答 問213→2　問214→4　問215→2　問216→4　問217→3

ミニ解説 問213 誤った選択肢が，「聴守」，「使用」と入れ替わっている問題も出題されている．答えは同じ．

問 221

アマチュア局は，自局の発射する電波が放送の受信に支障を与え，又は与えるおそれがあるときは，非常の場合の無線通信等を行う場合を除き，どうしなければならないか，正しいものを次のうちから選べ．

1　空中線電力を小さくして，注意しながら電波を発射する．
2　重大な支障を与えるときは，電波の発射を中止する．
3　速やかに当該周波数による電波の発射を中止する．
4　要求があれば，直ちに電波の発射を中止する．

問 222

無線局が相手局を呼び出そうとするときは，遭難通信等を行う場合を除き，一定の周波数によって聴守し，他の通信に混信を与えないことを確かめなければならないが，この場合において聴守しなければならない周波数は，次のどれか．

1　自局の発射しようとする電波の周波数その他必要と認める周波数
2　自局に指定されているすべての周波数
3　他の既に行われている通信に使用されている周波数であって，最も感度の良いもの
4　自局の付近にある無線局において使用する電波の周波数

問 223

無線局は，相手局を呼び出す場合において，他の通信に混信を与えるおそれがあるときは，どうしなければならないか，無線局運用規則の規定により正しいものを次のうちから選べ．

1　混信を与えないように注意しながら呼出しをしなければならない．
2　空中線電力を低下させた後で呼出しをしなければならない．
3　その通信の終了した後でなければ呼出しをしてはならない．
4　他の通信が行われているときは，少なくとも3分間待った後でなければ呼出しをしてはならない．

問 224　正解 ☐　完璧 ☐　直前CHECK ☐

次の「　」内は，アマチュア局のモールス無線通信において，相手局(1局)を呼び出す場合に順次送信する事項である．☐☐☐内に入れるべき字句を下の番号から選べ．

「(1) 相手局の呼出符号　　　☐☐☐
　(2) DE　　　　　　　　　1回
　(3) 自局の呼出符号　　　　3回以下」

1　3回以下
2　5回以下
3　10回以下
4　数回

問 225　正解 ☐　完璧 ☐　直前CHECK ☐

次の「　」内は，アマチュア局のモールス無線通信において，免許状に記載された通信の相手方である無線局を一括して呼び出す場合に順次送信する事項である．☐☐☐内に入れるべき字句を下の番号から選べ．

「(1) CQ　　　　　　　　　☐☐☐
　(2) DE　　　　　　　　　1回
　(3) 自局の呼出符号　　　　3回以下
　(4) K　　　　　　　　　　1回」

1　数回
2　3回
3　5回以下
4　10回以下

解答　問218➡1　問219➡3　問220➡2　問221➡3　問222➡1
　　　　問223➡3

ミニ解説

問218　無線通信の原則として規定されている項目は4項目．誤った選択肢を正しくすると，
　　1　無線通信は，正確に行うものとし，通信上の誤りを知ったときは，直ちに訂正しなければならない．

144

問 226

次の「　」内は，アマチュア局のモールス無線通信において，免許状に記載された通信の相手方である無線局を一括して呼び出す場合に順次送信する事項である．□内に入れるべき字句を下の番号から選べ．

「(1) CQ　　　　　　　　3回
　(2) DE　　　　　　　　1回
　(3) 自局の呼出符号　　　□
　(4) K　　　　　　　　　1回」

1　5回
2　3回以下
3　2回
4　1回

問 227

アマチュア局が呼出しを反復しても応答がない場合，呼出しを再開するには，できる限り，少なくとも何分間の間隔をおかなければならないと定められているか，正しいものを次のうちから選べ．

1　2分間
2　3分間
3　5分間
4　10分間

問 228

無線局は，自局の呼出しが他の既に行われている通信に混信を与える旨の通知を受けたときは，どうしなければならないか，正しいものを次のうちから選べ．

1　混信の度合いが強いときに限り，直ちにその呼出しを中止する．
2　空中線電力を小さくして，注意しながら呼出しを行う．
3　直ちにその呼出しを中止する．
4　中止の要求があるまで呼出しを反復する．

問題

問 229

無線局は，自局の呼出しが他の既に行われている通信に混信を与える旨の通知を受けたときは，どうしなければならないか，正しいものを次のうちから選べ．

1. 混信を与えないように空中線電力を低下しなければならない．
2. その呼出しが10秒間を超えないようにしなければならない．
3. 直ちにその呼出しを中止しなければならない．
4. できる限り30秒以内にその発射を中止しなければならない．

問 230

次の「　」内は，アマチュア局のモールス無線通信において，応答する場合に順次送信する事項である．□内に入れるべき字句を下の番号から選べ．

「(1) 相手局の呼出符号　　　　3回以下
　(2) DE　　　　　　　　　　1回
　(3) 自局の呼出符号　　　　　□ 」

1. 1回
2. 2回
3. 3回
4. 3回以下

解答　問224→1　問225→2　問226→2　問227→2　問228→3

ミニ解説

問224　誤った選択肢が，「1回」，「2回」，「2回以下」と入れ替わっている問題も出題されている．答えは同じ．

問225　誤った選択肢が，「1回」，「2回」，「3回以下」，「5回」と入れ替わっている問題も出題されている．答えは同じ．
略符号「CQ」の意義は「各局」．
略符号「DE」の意義は「こちらは」．
略符号「K」の意義は「どうぞ」．

問 231

次の記述は，モールス無線通信における無線局の応答について述べたものである．□内に入れるべき字句を下の番号から選べ．

無線局は，自局に対する呼出しを受信した場合において直ちに通報を受信できない事由があるときは，応答事項の次に□及び分で表す概略の待つべき時間を送信するものとする．

1　VVV
2　$\overline{AS}$
3　$\overline{HH}$
4　EX

問 232

アマチュア局のモールス無線通信において，応答に際し10分以上後でなければ通報を受信することができない事由があるとき，応答事項の次に送信するものは，次のどれか．

1　「$\overline{AS}$」，分で表す概略の待つべき時間及びその理由
2　「K」及び分で表す概略の待つべき時間
3　「K」及び通報を受信することができない事由
4　「$\overline{AS}$」及び呼出しを再開すべき時刻

問 233

モールス無線通信において，自局に対する呼出しであることが確実でない呼出しを受信したときは，どうしなければならないか．正しいものを次のうちから選べ．

1　「QRA？」を使用して直ちに応答する．
2　その呼出しが反復され，かつ，自局に対する呼出しであることが確実に判明するまで応答してはならない．
3　「QRU？」を使用して直ちに応答する．
4　「QRZ？」を使用して直ちに応答する．

問題

問 234 正解□ 完璧□ 直前CHECK□

モールス無線通信で自局に対する呼出しを受信した場合において、呼出局の呼出符号が不確実であるときは、次のどれによらなければならないか。

1　応答事項のうち相手局の呼出符号の代わりに「QRA？」を使用して、直ちに応答する。
2　応答事項のうち相手局の呼出符号の代わりに「QRZ？」を使用して、直ちに応答する。
3　呼出局の呼出符号が確実に判明するまで応答しない。
4　応答事項のうち相手局の呼出符号を省略して、直ちに応答する。

問 235 正解□ 完璧□ 直前CHECK□

モールス無線通信で自局に対する呼出しを受信した場合において、呼出局の呼出符号が不確実であるときは、どうしなければならないか、正しいものを次のうちから選べ。

1　応答事項のうち相手局の呼出符号の代わりに「QRA？」を使用して、直ちに応答しなければならない。
2　直ちに応答して、自局に対する呼出しであることを確認しなければならない。
3　応答事項のうち相手局の呼出符号の代わりに「QRZ？」を使用して、直ちに応答しなければならない。
4　その呼出しが反復され、かつ、自局に対する呼出しであることが確実に判明するまで応答してはならない。

解答　問229→3　問230→1　問231→2　問232→1　問233→2

ミニ解説

問230　応答する場合に自局の呼出符号は「1回」。
　　　　相手局の呼出符号の「3回以下」のか所が穴埋めとなっている問題も出題されている。

問231　誤った選択肢のうち、
　　　　略符号「VVV」の意義は「本日は晴天なり」。
　　　　略符号「HH」の意義は「訂正」。
　　　　略符号「EX」の意義は「ただいま試験中」。
　　　　「　　」はモールス符号の間隔をあけないで送信する。

148

問 236

空中線電力50ワット以下のモールス無線電信を使用して呼出しを行う場合において，確実に連絡の設定ができると認められるとき，呼出しは，次のどれによることができるか．

1　相手局の呼出符号　　　　　3回以下
2　(1) DE
　　(2) 自局の呼出符号　　　　3回以下
3　自局の呼出符号　　　　　　3回以下
4　(1) 相手局の呼出符号　　　3回以下
　　(2) DE

問 237

空中線電力50ワット以下のモールス無線電信を使用して応答を行う場合において，確実に連絡の設定ができると認められるとき，応答は，次のどれによることができるか．

1　(1) DE
　　(2) 自局の呼出符号　　　　1回
2　K
3　相手方の呼出符号　　　　　3回以下
4　(1) 相手方の呼出符号　　　3回以下
　　(2) DE

問 238

アマチュア局のモールス無線通信において，長時間継続して通報を送信するとき，10分ごとを標準として適当に送信しなければならない事項は，次のどれか．

1　相手局の呼出符号
2　自局の呼出符号
3　(1) 相手局の呼出符号
　　(2) DE
　　(3) 自局の呼出符号
4　(1) DE
　　(2) 自局の呼出符号

問 239

次の記述は,モールス無線通信における長時間の送信について述べたものである.□内に入れるべき字句を下の番号から選べ.

無線局は,長時間継続して通報を送信するときは,30分(アマチュア局にあっては10分)ごとを標準として適当に□を送信しなければならない.

1 「DE」及び自局の呼出符号
2 自局の呼出符号
3 相手局の呼出符号及び自局の呼出符号
4 相手局の呼出符号

問 240

アマチュア局は,モールス無線通信において,長時間継続して通報を送信するときは,何分ごとを標準として適当に「DE」及び自局の呼出符号を送信しなければならないか,正しいものを次のうちから選べ.

1 5分
2 10分
3 15分
4 20分

解答 問234→2 問235→3 問236→1 問237→1 問238→4

ミニ解説
問234 Q符号「QRZ?」の意義は「誰かこちらを呼びましたか」.
問236 確実に連絡の設定ができるときの呼出しは
「相手局の呼出符号 3回」のみ.
問237 確実に連絡の設定ができるときの応答は
「DE 自局の呼出符号 1回」のみ.

問 241

モールス無線通信において，手送りによる欧文の送信中に誤った送信を行ったことを知ったときは，次のどれによらなければならないか．

1 「$\overline{HH}$」を前置して，初めから更に送信する．
2 「RPT」を前置して，誤った語字から更に送信する．
3 そのまま送信を継続し，送信終了後「RPT」を前置して，訂正箇所を示して正しい語字を送信する．
4 「$\overline{HH}$」を前置して，正しく送信した適当な語字から更に送信する．

問 242

モールス無線通信における手送による欧文の送信中において，誤った送信をしたことを知ったときは，どうしなければならないか，正しいものを次のうちから選べ．

1 「$\overline{HH}$」を前置して，誤って送信した語字から更に送信しなければならない．
2 「$\overline{HH}$」を前置して，正しく送信した適当な語字から更に送信しなければならない．
3 「$\overline{SN}$」を前置して，誤って送信した語字から更に送信しなければならない．
4 「$\overline{SN}$」を前置して，正しく送信した適当な語字から更に送信しなければならない．

問 243

モールス無線通信において，通報の送信を終了し，他に送信すべき通報がないことを通知しようとするときは，送信した通報に続いて，どの事項を送信して行うことになっているか，正しいものを次のうちから選べ．

1 NIL　K
2 QSK　K
3 TU　$\overline{VA}$
4 $\overline{VA}$（1回）　自局の呼出符号（1回）

問題

問 244

無線局がなるべく擬似空中線回路を使用しなければならないのは，次のどの場合か．

1 工事設計書に記載された空中線を使用できないとき．
2 無線設備の機器の試験又は調整を行うために運用するとき．
3 無線設備の機器の取替え又は増設の際に運用するとき．
4 他の無線局の通信に妨害を与えるおそれがあるとき．

問 245

次の「　」内は，無線局がモールス無線電信により試験電波を発射する場合に送信する事項の一部である．□内に入れるべき字句を下の番号から選べ．

「1　EX　　　　　　　□
　2　DE　　　　　　　1回
　3　自局の呼出符号　 3回」

1　3回　　　2　2回以下　　　3　2回　　　4　1回

解答　問239→1　問240→2　問241→4　問242→2　問243→1

ミニ解説
問241　略符号「RPT」の意義は「反復してください」．
問243　略符号「NIL」の意義は「こちらは，そちらに送信するものがありません」．
　　　 略符号「K」の意義は「どうぞ」．
　　　 Q符号「QSK」の意義は「こちらは，こちらの信号の間に，そちらを聞くことができます．こちらの伝送を中断してよろしい」．
　　　 略符号「TU」の意義は「ありがとう」．
　　　 略符号「VA」の意義は「通信の完了符号」．

問 246

次の「　」内は，無線局がモールス無線電信により試験電波を発射する場合に送信する事項の一部である．□内に入れるべき字句を下の番号から選べ．

「1　EX　　　　　　3回
　2　DE　　　　　　1回
　3　自局の呼出符号　□」

1　3回　　　2　2回以下　　　3　2回　　　4　1回

問 247

電波を発射して行うモールス無線電信の機器の調整中，しばしばその電波の周波数により聴守を行って確かめなければならないのは，次のどれか．

1　他の無線局から停止の要求がないかどうか．
2　受信機が最良の感度に調整されているかどうか．
3　周波数の偏差が許容値を超えていないかどうか．
4　「VVV」の連続及び自局の呼出符号の送信が10秒間を超えていないかどうか．

問 248

無線局は，無線設備の機器の試験又は調整のための電波の発射が他の既に行われている通信に混信を与える旨の通知を受けたときは，どうしなければならないか，正しいものを次のうちから選べ．

1　空中線電力を低下しなければならない．
2　直ちにその発射を中止しなければならない．
3　10秒間を超えて電波を発射しないように注意しなければならない．
4　その通知に対して直ちに応答しなければならない．

問題

問 249

モールス無線通信における非常の場合の無線通信において，連絡を設定するための応答は，次のどれによって行うか．

1 応答事項の次に「$\overline{OSO}$」2回を送信する．
2 応答事項の次に「$\overline{OSO}$」3回を送信する．
3 応答事項に「$\overline{OSO}$」1回を前置する．
4 応答事項に「$\overline{OSO}$」3回を前置する．

問 250

モールス無線通信における非常の場合の無線通信において，連絡を設定するための呼出し又は応答は，呼出事項又は応答事項に「$\overline{OSO}$」を何回前置して行うことになっているか，正しいものを次のうちから選べ．

1 1回
2 2回
3 3回
4 4回

問 251

無線局は，「$\overline{OSO}$」(又は「非常」)を前置した呼出しを受信したときは，応答する場合を除き，どうしなければならないか，正しいものを次のうちから選べ．

1 その旨を自局の通信の相手方に通報する．
2 その旨を直ちに総合通信局長(沖縄総合通信事務所長を含む．)に報告する．
3 自局の交信が終了した後，この呼出し及びこれに続く通報を傍受する．
4 この呼出しに混信を与えるおそれのある電波の発射を停止して傍受する．

解答 問244→2　問245→1　問246→1　問247→1　問248→2

ミニ解説　問245〜246　略符号「EX」の意義は「ただいま試験中」．
EXのときのみ「自局の呼出符号　3回」．

問題

問 252

免許人が電波法の規定に違反したとき,その無線局について総務大臣から受けることがある処分は,次のどれか.

1　運用の停止
2　電波の型式の制限
3　通信事項の制限
4　通信の相手方の制限

問 253

免許人が電波法に違反したとき,その無線局について総務大臣から受けることがある処分は,次のどれか.

1　再免許の拒否
2　通信事項の制限
3　電波の型式の制限
4　周波数の制限

問 254

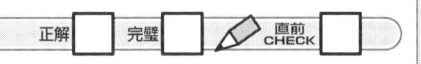

免許人が電波法に基づく命令の規定に違反したとき,その無線局について総務大臣から受けることがある処分は,次のどれか.

1　無線従事者の解任命令
2　電波の型式の制限
3　運用の停止
4　通信の相手方の制限

問 255

免許人が電波法に基づく処分に違反したとき,その無線局について総務大臣から受けることがある処分は,次のどれか.

1　電波の型式の制限
2　再免許の拒否
3　空中線電力の制限
4　通信の相手方の制限

問題

問 256

無線局の免許を取り消されることがあるのは，次のどの場合か．

1 免許人が免許人以外の者のために無線局を運用させたとき．
2 免許人が1年以上の期間日本を離れたとき．
3 免許状に記載された目的の範囲を超えて運用したとき．
4 不正な手段により無線局の免許を受けたとき．

問 257

免許人が総務大臣から3箇月以内の期間を定めて無線局の運用の停止を命じられることがあるのは，次のどの場合か．

1 電波法に違反したとき．
2 無線従事者がその免許証を失ったとき．
3 無線局の免許状を失ったとき．
4 免許人が「日本の国籍を有しない者」となったとき．

問 258

無線従事者がその免許を取り消されることがあるのは，次のどの場合か．

1 免許証を失ったとき．
2 不正な手段により免許を受けたとき．
3 無線局を違法に運用したとき．
4 5年以上無線設備の操作を行わなかったとき．

解答 問249→4   問250→3   問251→4   問252→1   問253→4
　　　 問254→3   問255→3

ミニ解説
問253 誤った選択肢が，「通信の相手方の制限」，に入れ替わっている問題も出題されている．答えは同じ．
問255 期間を定めて受けることがある制限は，運用許容時間，周波数，空中線電力．

問 259

無線従事者がその免許を取り消されることがある場合は，次のどれか．

1 日本の国籍を失ったとき．
2 不正な手段により免許を受けたとき．
3 無線従事者が死亡したとき．
4 免許証を失ったとき．

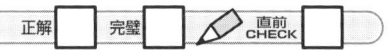

問 260

無線従事者がその免許を取り消されることがある場合は，次のどれか．

1 無線設備の操作を5年以上行わなかったとき．
2 日本の国籍を失ったとき．
3 不正な手段によりその免許を受けたとき．
4 刑法に規定する罪を犯し，罰金以上の刑に処せられたとき．

問 261

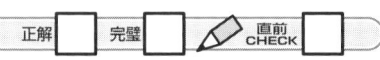

無線従事者が，総務大臣から3箇月以内の期間を定めて無線通信の業務に従事することを停止されることがあるのは，次のどの場合か．

1 免許状を失ったとき．　　2 電波法に違反したとき．
3 免許証を失ったとき．　　4 無線局の運用を休止したとき．

問 262

無線従事者が電波法に基づく命令に違反したとき，総務大臣から受けることがある処分は，次のどれか．

1 6箇月間の業務の従事停止
2 無線設備の操作の範囲の制限
3 無線従事者の免許の取消し
4 無線従事者国家試験の受験停止

問題

問 263

無線従事者が電波法に基づく命令の規定に違反したとき，総務大臣から受けることがある処分は，次のどれか．

1　1年間の無線局の運用停止
2　6箇月間の業務の従事停止
3　無線従事者の免許の取消し
4　3箇月間の無線設備の操作範囲の制限

問 264

無線局が総務大臣から臨時に電波の発射の停止を命じられることがある場合は，次のどれか．

1　暗語を使用して通信を行ったとき．
2　発射する電波が他の無線局の通信に混信を与えたとき．
3　免許状に記載された空中線電力の範囲を超えて運用したとき．
4　発射する電波の質が総務省令で定めるものに適合していないと認められるとき．

問 265

総務大臣は，無線局の発射する電波の質が総務省令で定めるものに適合していないと認めるとき，その無線局についてとることがある措置は，次のどれか．

1　免許を取り消す．
2　空中線の撤去を命じる．
3　臨時に電波の発射の停止を命じる．
4　周波数又は空中線電力の指定を変更する．

解答　問256➡4　問257➡1　問258➡2　問259➡2　問260➡3
　　　　問261➡2　問262➡3

ミニ解説

問258～263　無線従事者が次の一に該当するときは，その免許を取り消され，又は3箇月以内の期間を定めてその業務に従事することを停止されることがある．
① 電波法若しくは電波法に基づく命令又はこれらに基づく処分に違反したとき．
② 不正な手段により免許を受けたとき．
③ 著しく心身に欠陥があって無線従事者たるに適しない者となったとき．

問 266

臨時検査（電波法第73条第5項の検査）が行われる場合は，次のどれか．

1 無線局の再免許が与えられたとき．
2 無線従事者選解任届を提出したとき．
3 無線設備の工事設計の変更をしたとき．
4 臨時に電波の発射の停止を命じられたとき．

問 267

無線局の免許人は，非常通信を行ったとき，電波法の規定により，次のどの措置をとらなければならないか．

1 中央防災会議会長に届け出る．
2 市町村長に連絡する．
3 都道府県知事に通知する．
4 総務大臣に報告する．

問 268

無線局の免許人は，非常通信を行ったとき，電波法の規定によりどの措置をとらなければならないか，正しいものを次のうちから選べ．

1 総務省令で定める手続により，総務大臣に報告する．
2 適宜の方法により，都道府県知事に連絡する．
3 総務大臣に届け出て事後承認を受ける．
4 文書により，中央防災会議会長に届け出る．

問 269

無線局の免許人は，電波法の規定に違反して運用した無線局を認めたときは，どうしなければならないか，正しいものを次のうちから選べ．

1 総務省令で定める手続により，総務大臣に報告する．
2 違反した無線局の免許人を告発する．
3 違反した無線局の免許人にその旨を通報する．
4 違反した無線局の電波の発射を停止させる．

問題

問 270

電波法に基づく命令の規定に違反して運用した無線局を認めたとき，電波法の規定により免許人がとらなければならない措置は，次のどれか．

1 その無線局の免許人を告発する．
2 その無線局の電波の発射を停止させる．
3 総務省令で定める手続きにより，総務大臣に報告する．
4 その無線局の免許人にその旨を通知する．

問 271

免許人は，電波法に違反して運用した無線局を認めたとき，電波法の規定により，どうしなければならないか，正しいものを次のうちから選べ．

1 総務大臣に報告する．
2 その無線局の電波の発射を停止させる．
3 その無線局の免許人にその旨を通知する．
4 その無線局の免許人を告発する．

問 272

アマチュア局の免許人は，無線局の免許を受けた日から起算してどれほどの期間内に，また，その後毎年その免許の日に応当する日（応当する日がない場合は，その翌日）から起算してどれほどの期間内に電波法の規定により電波利用料を納めなければならないか，正しいものを次のうちから選べ．

1 10日以内
2 30日以内
3 2箇月以内
4 3箇月以内

解答 問263→3　問264→4　問265→3　問266→4　問267→4
問268→1　問269→1

ミニ解説 問264　誤った選択肢が，「非常の場合の無線通信を行ったとき．」，「必要のない無線通信を行っているとき．」に入れ替わっている問題も出題されている．答えは同じ．

問 273

アマチュア局に備え付けておかなければならない書類は，次のどれか．

1 無線従事者選解任届の写し
2 国際電気通信連合条約
3 無線局免許状
4 局名録

問 274

移動するアマチュア局（人工衛星に開設するものを除く．）の免許状は，どこに備え付けておかなければならないか，正しいものを次のうちから選べ．

1 無線設備の常置場所
2 受信装置のある場所
3 免許人の住所
4 無線局事項書の写しを保管している場所

問 275

免許人が免許状を破損したために免許状の再交付を受けたとき，旧免許状をどうしなければならないか，次のうちから選べ．

1 保管しておく．
2 遅滞なく返す．
3 速やかに廃棄する．
4 1箇月以内に返す．

問 276

電波法の規定により，免許状を1箇月以内に返納しなければならない場合は，次のどれか．

1 無線局の運用を休止したとき．
2 無線局の免許がその効力を失ったとき．
3 免許状を破損し又は汚したとき．
4 無線局の運用の停止を命じられたとき．

問題

問 277

無線局の免許がその効力を失ったとき，免許人であった者は，その免許状をどうしなければならないか．電波法に規定するものを次のうちから選べ．

1 適当な方法で保管しておく．
2 10日以内に返納する．
3 直ちに返納する．
4 1箇月以内に返納する．

問 278

無線局の免許がその効力を失ったとき，免許人であった者は，その免許状をどうしなければならないか，正しいものを次のうちから選べ．

1 無線従事者免許証とともに1年間保存しておかなければならない．
2 1箇月以内に返納しなければならない．
3 速やかに廃棄しなければならない．
4 3箇月以内に返納しなければならない．

問 279

免許人が1箇月以内に免許状を返納しなければならない場合に該当しないのは，次のどれか．

1 無線局を廃止したとき．
2 臨時に電波の発射の停止を命ぜられたとき．
3 無線局の免許を取り消されたとき．
4 無線局の免許の有効期間が満了したとき．

解答 問270→3　問271→1　問272→2　問273→3　問274→1
　　 問275→2　問276→2

問 280

次の記述は，無線通信規則に規定する「アマチュア業務」の定義である．☐☐☐内に入れるべき字句を下の番号から選べ．

アマチュア，すなわち，☐☐☐，専ら個人的に無線技術に興味をもち，正当に許可された者が行う自己訓練，通信及び技術研究のための無線通信業務

1　通信手段の不足を補うため
2　金銭上の利益のためでなく
3　教育活動において利用するため
4　福祉活動において利用するため

問 281

次の記述は，無線通信規則に規定する「アマチュア業務」の定義である．☐☐☐内に入れるべき字句を下の番号から選べ．

アマチュア，すなわち，金銭上の利益のためでなく，専ら個人的に無線技術に興味をもち，☐☐☐が行う自己訓練，通信及び技術研究のための無線通信業務

1　無線機器を所有する者
2　相当な知識を有する者
3　相当な技術を有する者
4　正当に許可された者

問題

問 282

次の記述は，無線通信規則に規定する「アマチュア業務」の定義である．□□□内に入れるべき字句を下の番号から選べ．

アマチュア，すなわち，金銭上の利益のためでなく，専ら□□□，正当に許可された者が行う自己訓練，通信及び技術研究のための無線通信業務

1　個人的に無線技術に興味をもち
2　災害時における通信手段の確保のため
3　教育活動の一環として
4　福祉活動の一環として

問 283

次の記述は，無線通信規則に規定する「アマチュア業務」の定義である．□□□内に入れるべき字句を下の番号から選べ．

アマチュア，すなわち，金銭上の利益のためでなく，専ら個人的に無線技術に興味をもち，正当に許可された者が行う自己訓練，通信及び□□□のための無線通信業務

1　技術研究
2　科学調査
3　科学技術の向上
4　技術の進歩発達

解答　問277→4　問278→2　問279→2　問280→2　問281→4

ミニ解説

問277～278　無線局の免許がその効力を失う場合．
① 免許人が無線局を廃止したとき．
② 総務大臣から無線局の免許の取消しを受けたとき．
③ 無線局の免許の有効期間が満了したとき．

問題

問 284

無線通信規則では，周波数分配のため，世界を地域的に区分しているが，日本は次のどれに属するか．

1　第一地域
2　第二地域
3　第三地域
4　第四地域

問 285

無線通信規則の周波数分配表において，アマチュア業務に分配されている周波数帯は，次のどれか．

1　3,200kHz ～ 3,450kHz
2　6,765kHz ～ 7,000kHz
3　18,068kHz ～ 18,168kHz
4　21,450kHz ～ 21,850kHz

問 286

無線通信規則の周波数分配表において，アマチュア業務に分配されている周波数帯は，次のどれか．

1　3,400kHz ～ 3,500kHz
2　7,300kHz ～ 7,600kHz
3　18,052kHz ～ 18,068kHz
4　21,000kHz ～ 21,450kHz

問題

問 287

無線通信規則の周波数分配表において，アマチュア業務に分配されている周波数帯は，次のどれか．

1　21,000kHz ～ 21,450kHz
2　47MHz ～ 50MHz
3　75.2MHz ～ 87.5MHz
4　108MHz ～ 137MHz

問 288

無線通信規則の周波数分配表において，アマチュア業務に分配されている周波数帯は，次のどれか．

1　28MHz ～ 29.7MHz
2　47MHz ～ 50MHz
3　75.2MHz ～ 87.5MHz
4　108MHz ～ 137MHz

問 289

無線通信規則の周波数分配表において，アマチュア業務に分配されている周波数帯は，次のどれか．

1　42MHz ～ 46MHz
2　46MHz ～ 50MHz
3　50MHz ～ 54MHz
4　54MHz ～ 58MHz

問 290

無線通信規則の周波数分配表において，アマチュア業務に分配されている周波数帯は，次のどれか．

1　108MHz ～ 143.6MHz
2　144MHz ～ 146MHz
3　154MHz ～ 174MHz
4　235MHz ～ 267MHz

解答　問282→1　問283→1　問284→3　問285→3　問286→4

ミニ解説　問284　誤った選択肢が，「熱帯地域」，「極東地域」に入れ替わっている問題も出題されている．答えは同じ．

問 291

次に掲げるもののうち，無線通信規則の規定に照らし，アマチュア局に禁止されていない伝送は，どれか．

1　略語による伝送
2　不要な伝送
3　虚偽の信号の伝送
4　まぎらわしい信号の伝送

問 292

次の記述は，混信に関する無線通信規則の規定である．□□内に入れるべき字句を下の番号から選べ．

送信局は，業務を満足に行うために必要な□□電力で輻射する．

1　最小限の
2　最大限の
3　適当に制限した
4　自由に決定した

問 293

無線通信規則では，送信局は，業務を満足に行うためどのような電力で輻射しなければならないと定められているか，正しいものを次のうちから選べ．

1　相手局の要求する電力
2　適当に制限した電力
3　必要な最大限の電力
4　必要な最小限の電力

問 294

国際電気通信連合憲章，国際電気通信連合条約又は無線通信規則に違反する局を認めた局は，どうしなければならないか，正しいものを次のうちから選べ．

1　国際電気通信連合に報告する．
2　違反した局に通報する．
3　違反した局の属する国の主管庁に報告する．
4　違反を認めた局の属する国の主管庁に報告する．

問題

問 295　　正解 □　完璧 □　直前CHECK □

次の記述は，局の識別に関する無線通信規則の規定である．□内に入れるべき字句を下の番号から選べ．

虚偽の又は□識別表示を使用する伝送は，すべて禁止する．

1　適当でない
2　いかがわしい
3　まぎらわしい
4　割り当てられていない

問 296　　正解 □　完璧 □　直前CHECK □

次の記述は，局の識別について，無線通信規則の規定に沿って述べたものである．□内に入れるべき字句を下の番号から選べ．

アマチュア業務においては，□は，識別信号を伴うものとする．

1　異なる国のアマチュア局相互間の伝送
2　連絡設定における最初の呼出し及び応答
3　すべての伝送
4　モールス無線電信による異なる国のアマチュア局相互間の伝送

解答
問287→1　問288→1　問289→3　問290→2　問291→1
問292→1　問293→4　問294→4

ミニ解説
問287　正しい選択肢が，「21MHz～21.45MHz」に入れ替わっている問題も出題されている．「21,000kHz～21,450kHz」のこと．
問291　すべての局は，不要な伝送，過剰な信号の伝送，虚偽の若しくはまぎらわしい信号の伝送又は識別表示のない信号の伝送をすることを禁止する．

168

問 297

次の記述は，国際電気通信連合憲章等の一般規定のアマチュア業務への適用について，無線通信規則の規定に沿って述べたものである．□内に入れるべき字句を下の番号から選べ．

国際電気通信連合憲章，国際電気通信連合条約及び無線通信規則の□一般規定は，アマチュア局に適用する．

1　すべての
2　運用に関する
3　技術特性に関する
4　混信を回避するための措置に関する

問 298

無線通信規則では，アマチュア局は，その伝送中自局の呼出符号をどのように伝送しなければならないと規定しているか．正しいものを次のうちから選べ．

1　短い間隔で伝送しなければならない．
2　始めと終わりに伝送しなければならない．
3　適当な時に伝送しなければならない．
4　伝送の中間で伝送しなければならない．

問 299

次の記述は，アマチュア局における呼出符号の伝送について，無線通信規則の規定に沿って述べたものである．□内に入れるべき字句を下の番号から選べ．

アマチュア局は，その伝送中□自局の呼出符号を伝送しなければならない．

1　短い間隔で
2　30分ごとに
3　必要により随時
4　通信状態を考慮して適宜の間隔で

問 300 解説あり！ 正解 □ 完璧 □ 直前CHECK □

1 ATUGIをモールス符号で表したものは，次のどれか．

1 ・ー　ーー　・・ー　・・　ーー　・・
2 ・ー　ーー　・・ー　ーー　・ーー　・・
3 ーーー・　・ー　ーー　ーー　・・
4 ーーー・　・ー　ーー　ーー　・・

注意：モールス符号の点，線の長さ及び間隔は，簡略化してある．

問 301 解説あり！ 正解 □ 完璧 □ 直前CHECK □

2 EBISUをモールス符号で表したものは，次のどれか．

1 ・・ーー　ー・　・・　・・・　・・ー
2 ・・ーー　ー・・　・・　・・・　・・ー
3 ーーー・・　ー・　・・　・・・　・・ー
4 ーーー・・　ー・・・　・・　・・・　・・ー

注意：モールス符号の点，線の長さ及び間隔は，簡略化してある．

問 302 解説あり！ 正解 □ 完璧 □ 直前CHECK □

3 DENPAをモールス符号で表したものは，次のどれか．

1 ・・ーー　ー・　・　ー・　・ーー　・ー
2 ・・ーー　ー・　・　ー・　・ーー・　・ー
3 ーーー・・　・　ー・　・ーー　・ー
4 ーーー・　ー・　・　ー・　・ーー・　・ー

注意：モールス符号の点，線の長さ及び間隔は，簡略化してある．

解答 問295→3　問296→3　問297→1　問298→1　問299→1

ミニ解説
問295 誤った選択肢が，「国際符字列に従わない」に入れ替わっている問題も出題されている．答えは同じ．
問299 電波法の無線局運用規則では，10分ごとを標準として呼出符号を送信することが規定されている．

問題

問 303　解説あり！

4 MUSEN をモールス符号で表したものは，次のどれか．

1　－－　・・－　・・・　－・　・
2　－・－　・・－　・・　－－　・
3　・・　－－　・・・　－・　・・・
4　・・－　・・　－－　・・　－・

注意：モールス符号の点，線の長さ及び間隔は，簡略化してある．

問 304　解説あり！

5VHIBFYA をモールス符号で表したものは，次のどれか．

1　・・・・　・・・－　・・・・　・・　－・・・　・・－・　－・－－　・－
2　・・・・　・・・－　・・・・　・・　－・・・　・・－・　－－・－　・－
3　－・・・・　・・・－　・・・・　・・　－・・・　・・－・　－・－－　・－
4　－・・・・　・・・－　・・・　・・　－・・・　・・－・　－・－－　・－

注意：モールス符号の点，線の長さ及び間隔は，簡略化してある．

問 305　解説あり！

6 TENDOU をモールス符号で表したものは，次のどれか．

1　－・　・　－・・　－・・　－－－　・－
2　－・・・　・　－・・　－・・　－－－　・・－
3　－　・　－・・　－・・　－－－　・・－
4　・・　・　－・・　－・・　－－－　・・－

注意：モールス符号の点，線の長さ及び間隔は，簡略化してある．

問 306　解説あり！

7 FUJISVN をモールス符号で表したものは，次のどれか．

1　・・－・　・・－　・－－－　・・　・・・　・・・－　－・
2　・・－・　・・－　・－－　・・　・・・　・・・－　－・
3　－・・－　・・－　・－－－　・・　・・・　・・・－　－・
4　－－・・　・・－　・－－－　・・　・・・　・・・－　－・

注意：モールス符号の点，線の長さ及び間隔は，簡略化してある．

問題

問 307　解説あり！

8 DENJIHW をモールス符号で表したものは，次のどれか．

1　 −・・　・　−・　・−−−　・・　・・・・　・−−
2　 −・・　・　−・　・−−−　・・　−・・・　・−−
3　 −・・　・　−−　・−−　・・　・・・・　・−−
4　 −・・　・　−・　・　・−・　・・・・　・−−

注意：モールス符号の点，線の長さ及び間隔は，簡略化してある．

問 308　解説あり！

9 KFZHWRO をモールス符号で表したものは，次のどれか．

1　 −・−・　・・−・　−−・・　・・・・　・−−　・−・　−−−
2　 −・−　・・−・　−−・・　・・・・　・−−　・−・　−−−
3　 ・−・−　・・−・　−−・・　・・・・　・−−　・−・　−−
4　 ・−−・　・−−・　−−・・　・・−・　・−−　・−・　−−−−

注意：モールス符号の点，線の長さ及び間隔は，簡略化してある．

問 309　解説あり！

OTARU 1 をモールス符号で表したものは，次のどれか．

1　 −−−　−　・−　・−・　−　・−−−−
2　 −−−　−　・−　・−・　・・−　・−−−−
3　 −−−　−　・−　・−・　・−−−
4　 −−−　−　・−　・−・−　・・−　・−−−−

注意：モールス符号の点，線の長さ及び間隔は，簡略化してある．

解答　問300➡1　問301➡2　問302➡1　問303➡4　問304➡2
　　　　問305➡1　問306➡4

ミニ解説　問300　覚えやすい数字の符号から，選択肢をしぼると答を見つけやすい．

問題

問 310

OWASE 3 をモールス符号で表したものは，次のどれか．

1　− − −　・ − ・　・ − −　・ ・ ・　・ − − − −
2　・ − − −　・ − ・　・ − −　・ ・ ・　・ ・ ・ − −
3　− − −　・ − ・　・ − −　・ ・ ・　・ ・ ・ − −
4　・ − − −　・ − ・　・ − −　・ ・ ・　・ ・ − − −

注意：モールス符号の点，線の長さ及び間隔は，簡略化してある．

問 311

ONTAKE 4 をモールス符号で表したものは，次のどれか．

1　− − −　− ・　− 　・ − 　− ・ −　・　・ ・ ・ ・ −
2　− − −　− ・　− 　・ − ・ ・　− ・ −　・　・ ・ ・ ・ −
3　− − −　− ・　− 　・ −　− ・ −　・　・ ・ ・ ・ ・
4　− − −　− ・　− 　・ −　− ・ −　・　・ ・ ・ ・ −

注意：モールス符号の点，線の長さ及び間隔は，簡略化してある．

問 312

THIMPDC 5 をモールス符号で表したものは，次のどれか．

1　−　・ ・ ・ ・　・ ・　− −　・ − − ・　− ・ ・　− ・ − ・　・ ・ ・ ・ ・
2　−　・ ・ ・ ・　・ ・　− ・ − ・　・ − − ・　− ・ ・　− ・ − ・　・ ・ ・ ・ ・
3　−　・ ・ ・ ・　・ ・　− −　・ − − ・　− ・ ・　− ・ − ・　− − − − −
4　−　・ ・ ・ ・　・ ・　− −　・ − − ・　− ・ ・　・ − ・ ・　− − − − −

注意：モールス符号の点，線の長さ及び間隔は，簡略化してある．

問 313

TUSHLMZ 7 をモールス符号で表したものは，次のどれか．

1　−　・ ・ −　・ ・ ・　・ ・ ・ ・　・ − ・ ・　− −　− − ・ ・　− − ・ ・ ・
2　−　・ ・ −　・ ・ ・　・ ・ ・ ・　・ − ・ ・　− −　− − ・ ・　− − − ・ ・
3　・　・ ・ −　・ ・ ・　・ ・ ・ ・　・ − ・ ・　− −　− − ・ ・　− − ・ ・ ・
4　−　・ ・ −　・ ・ ・　・ ・ ・ ・　− ・ ・ ・　− −　− − ・ ・　・ ・

注意：モールス符号の点，線の長さ及び間隔は，簡略化してある．

問題

問 314 解説あり！ 正解 □ 完璧 □ 直前CHECK □

QVXMZBE 8 をモールス符号で表したものは，次のどれか．

1 − − ・ − ・ ・ ・ − − ・ ・ − − − − − ・ ・ − ・ ・ ・ ・ − − − ・ ・
2 − ・ − − ・ ・ ・ − − ・ ・ − − − − − ・ ・ − ・ ・ ・ ・ − − − ・ ・
3 − ・ − − ・ ・ ・ − − ・ ・ − − − − − ・ ・ − ・ ・ ・ ・ ・ ・ ・ − −
4 − − ・ − ・ ・ ・ − − ・ ・ − − − − − ・ ・ − ・ ・ ・ ・ ・ ・ ・ − −

注意：モールス符号の点，線の長さ及び間隔は，簡略化してある．

問 315 解説あり！ 正解 □ 完璧 □ 直前CHECK □

3 MIGJBV をモールス符号で表したものは，次のどれか．

1 − − ・ ・ ・ − − − − ・ ・ − − − − ・ ・ ・ ・ ・ ・ −
2 − − ・ ・ − − − − − ・ ・ − − − − ・ ・ ・ ・ ・ ・ −
3 ・ ・ ・ − − − − − − ・ ・ − − − − ・ ・ ・ ・ ・ ・ −
4 ・ ・ ・ − − − − − − ・ ・ − − − − ・ ・ ・ ・ ・ ・ −

注意：モールス符号の点，線の長さ及び間隔は，簡略化してある．

問 316 解説あり！ 正解 □ 完璧 □ 直前CHECK □

ENIWA 4 をモールス符号で表したものは，次のどれか．

1 ・ − ・ ・ ・ ・ − − ・ − ・ ・ ・ ・ −
2 ・ − − ・ ・ ・ ・ − − − ・ − ・ ・ ・ ・ −
3 ・ − − ・ ・ ・ ・ − − − ・ − − − − − ・
4 ・ − ・ ・ ・ ・ − − ・ − − − − − ・

注意：モールス符号の点，線の長さ及び間隔は，簡略化してある．

問 317 解説あり！ 正解 □ 完璧 □ 直前CHECK □

5 YXKUMO をモールス符号で表したものは，次のどれか．

1 − − − − − − ・ − − − ・ ・ − − ・ − ・ ・ − − − − − −
2 − − − − − − ・ − − − ・ ・ − − ・ − ・ ・ − − − − − ・
3 ・ ・ ・ − − − ・ − − − ・ ・ − − ・ − ・ ・ − − − − − ・
4 ・ ・ ・ − − − ・ − − − ・ ・ − − ・ − ・ ・ − − − − − −

注意：モールス符号の点，線の長さ及び間隔は，簡略化してある．

解答	問307→4	問308→1	問309→3	問310→3	問311→1
	問312→1	問313→4			

問 318

6 MIYCKX をモールス符号で表したものは,次のどれか.

1　－－　・・　－・－－　－・－・　－・－　－・・－
2　－－　・・　－・－－　－・－・　－・－　・・－・
3　・－－　・・　－・－－　－・－・　－・－　－・・－
4　・－－－　・・　－・－－　－・－・　－・－　－・・－

注意:モールス符号の点,線の長さ及び間隔は,簡略化してある.

問 319

7 CRDTOU をモールス符号で表したものは,次のどれか.

1　－・－・　・－・　－・・　－　－－－　・・－
2　－・－・　・－・　－・・　・・　－－－　・・－
3　・－・・　・－・　－・・　－　－－－　・・－－
4　・・・　・－・　－・・　－　－－－　・・－

注意:モールス符号の点,線の長さ及び間隔は,簡略化してある.

問 320

ECHXZYN 8 をモールス符号で表したものは,次のどれか.

1　・　－・－・　・・・・　－・・－　－－・・　－・－－　－・　－・・・－－
2　・　－・－・　・・・・　・・－－　－－・・　－・－－　－・　・－・・－
3　・　－・－・　・・・・　－・・－　－－・・　－・－－　－・　－－－・・
4　・　－・－・　・・・・　－・・－　－－－・・　－・－－　－・　－－－－・・

注意:モールス符号の点,線の長さ及び間隔は,簡略化してある.

問 321

9 PCMURO をモールス符号で表したものは,次のどれか.

1　・－－－－　・－－・　－・－・　－－　・・－　・－・　－－－
2　・－－－－　・－－・　－・－・　－－　・・－　・－・　－－－
3　－－－－・　・－－・　－・－・　－－　・・－　・－・　－－－
4　－－－－・　・－－・　－・－・　－－　・・－　・－・　－－－

注意:モールス符号の点,線の長さ及び間隔は,簡略化してある.

問題

📖 解説 ➡ 問300〜321

欧文モールス符号表（抜粋）

文字	符号と合調語		文字	符号と合調語	
A	・－	亜鈴	N	－・	ノート
B	－・・・	棒倒す	O	－－－	応急法
C	－・－・	チャートルーム	P	・－－・	プレーボール
D	－・・	道徳	Q	－－・－	救急至急
E	・	絵	R	・－・	レコード
F	・・－・	古道具	S	・・・	進め
G	－－・	強情だ	T	－	ティー
H	・・・・	ハイカラ	U	・・－	歌おー
I	・・	石	V	・・・－	ビクトリー
J	・－－－	自衛方法	W	・－－	和洋風
K	－・－	警視庁	X	－・・－	エックスレー
L	・－・・	流浪する	Y	－・－－	養子孝行
M	－－	メーデー	Z	－－・・	ざーざー雨

文字	符号	文字	符号
1	・－－－－	送信終了符号 $\overline{AR}$	・－・－・
2	・・－－－	通信完了符号 $\overline{VA}$	・・・－・－
3	・・・－－	訂正符号 $\overline{HH}$	・・・・・・・・
4	・・・・－	送信の待機 $\overline{AS}$	・－・・・
5	・・・・・	送信の中断 BK	－・・・　－・－
6	－・・・・	分離符号 $\overline{BT}$	－・・・－
7	－－・・・	■合調語法によるモールス符号の覚え方
8	－－－・・	例　Aのモールス符号は「・－」である。「ア」
9	－－－－・	は短いので「・」であり、「レー」は長く
0	－－－－－	「－」であるので「A」は「アレー」＝「・－」と覚える。

解答　問314➡1　問315➡3　問316➡1　問317➡4　問318➡1
　　　問319➡1　問320➡3　問321➡4

問題

問 322　解説あり！　正解　完璧　直前CHECK

モールス無線電信において,「当局名は, …です.」を示すQ符号をモールス符号で表したものは, 次のどれか.

1　－－・－　・－・　－・－
2　－－・－　・－・　・－－
3　－－・－　・－・　－
4　－－・－　・－・　・－

注意：モールス符号の点, 線の長さ及び間隔は, 簡略化してある.

問 323　解説あり！　正解　完璧　直前CHECK

モールス無線電信において,「そちらの信号の明りょう度は, 非常に良いです.」を示すQ符号をモールス符号で表したものは, 次のどれか.

1　－－・－　・－・　－－　・－－－－
2　－－・－　・－・　－・　・－－－－
3　－－・－　・－・　　　　・・・・・
4　－－・－　・・・　・－　・・・・・

注意：モールス符号の点, 線の長さ及び間隔は, 簡略化してある.

問 324　解説あり！　正解　完璧　直前CHECK

モールス無線電信において,「そちらの伝送は, 非常に強い混信を受けています.」を示すQ符号をモールス符号で表したものは, 次のどれか.

1　－－・－　・－・　－－　・・・－
2　－－・－　・－・　－・　・－－－－
3　－－・－　・－・　－・－　・－－－－
4　－－・－　・・・　・－　・・・－

注意：モールス符号の点, 線の長さ及び間隔は, 簡略化してある.

法規　モールス符号

問 325

モールス無線電信において,「こちらは,非常に強い空電に妨げられています.」を示すQ符号をモールス符号で表したものは,次のどれか.

1 　－－・－　・－・　－－　・－－－－
2 　－－・－　・－・　－・　・・・・
3 　－－・－　・－・　－・－　・－－－
4 　－－・－　・－・　－・　－・・・・

注意：モールス符号の点,線の長さ及び間隔は,簡略化してある.

問 326

モールス無線電信において,「そちらの信号の強さは,非常に強いです.」を示すQ符号をモールス符号で表したものは,次のどれか.

1 　－－・－　・－・　－－　・－－－－
2 　－－・－　・－・　－・　・－－－－
3 　－－・－　・－・　－・－　・・・・・
4 　－－・－　・－・　－・　・・・・・

注意：モールス符号の点,線の長さ及び間隔は,簡略化してある.

問 327

モールス無線電信において,「こちらは受信証を送ります.」を示すQ符号をモールス符号で表したものは,次のどれか.

1 　－－・－　・・・　・－・・
2 　－－・－　・・・　・・－
3 　－－・－　・・・　・・－
4 　－－・－　・・・　・－－

注意：モールス符号の点,線の長さ及び間隔は,簡略化してある.

解答　問322 → 4　問323 → 3　問324 → 1

ミニ解説
問322　文字で表すとQRA
問323　文字で表すとQRK5
問324　文字で表すとQRM5

問題

問 328

モールス無線電信において，通報の送信を終わるときに使用する略符号をモールス符号で表したものは，次のどれか．

1　− − −　− ・ −
2　−　・ ・ −
3　・ − ・ − ・
4　− ・　・ ・　・ − ・ ・

注意：モールス符号の点，線の長さ及び間隔は，簡略化してある．

問 329

モールス無線電信において，欧文通信の訂正符号を示す略符号をモールス符号で表したものは，次のどれか．

1　− ・ ・ −
2　・ ・ ・ ・ ・ ・ ・ ・
3　・ − ・ − ・
4　・ ・ ・ − ・ −

注意：モールス符号の点，線の長さ及び間隔は，簡略化してある．

問 330

モールス無線電信において，通報を受信したときに送信することとされている略符号をモールス符号で表したものは，次のどれか．

1　・ ・ ・ − ・ −
2　・ − ・
3　− − −　− ・ −
4　−　・ ・ ・

注意：モールス符号の点，線の長さ及び間隔は，簡略化してある．

問題

📖 解説 → 問322〜330

Q 符号および略符号の意味とそのモールス符号

QRA（当局名は，……です．）
－－・－　・－・　・－

QRK5（そちらの信号の明りょう度は，非常に良いです．）
－－・－　・－・　－・－　・・・・・

QRM5（そちらの伝送は，非常に強い混信を受けています．）
－－・－　・－・　－－　・・・・・

QRN5（こちらは，非常に強い空電に妨げられています．）
－－・－　・－・　－・　・・・・・

QSA5（そちらの信号の強さは，非常に強いです．）
－－・－　・・・　・－　・・・・・

QSL（こちらは受信証を送ります．）
－－・－　・・・　・－・・

AR（通報の送信の終了符号）「‾‾‾」は文字の間隔をあけずに送信する．
・－・－・

HH（欧文の訂正符号）
・・・・・・・・

R（受信しました．）
・－・

解答　問325➡2　問326➡4　問327➡1　問328➡3　問329➡2
問330➡2

ミニ解説
問325　文字で表すとQRN5
問326　文字で表すとQSA5
問327　文字で表すとQSL
問328　文字で表すと‾AR
問329　文字で表すと‾HH
問330　文字で表すとR

180

【著者紹介】

吉川忠久（よしかわ・ただひさ）
　　学　歴　東京理科大学物理学科卒業
　　職　歴　郵政省関東電気通信監理局
　　　　　　日本工学院八王子専門学校
　　　　　　中央大学理工学部兼任講師
　　　　　　明星大学理工学部非常勤講師
　　　　　　(株)QCQ企画 主催「一・二アマ」国家試験 直前対策講習会講師

合格精選 330 題
第三級アマチュア無線技士 試験問題集

2015 年 3 月 10 日　第 1 版 1 刷発行　　　ISBN 978-4-501-33080-4 C3055
2023 年 12 月 20 日　第 1 版 4 刷発行

著　者　吉川忠久
　　　　© Yoshikawa Tadahisa 2015

発行所　学校法人 東京電機大学　　〒120-8551　東京都足立区千住旭町 5 番
　　　　東京電機大学出版局　　　　Tel. 03-5284-5386(営業) 03-5284-5385(編集)
　　　　　　　　　　　　　　　　　Fax. 03-5284-5387　振替口座 00160-5-71715
　　　　　　　　　　　　　　　　　https://www.tdupress.jp/

JCOPY ＜(社)出版者著作権管理機構 委託出版物＞
本書の全部または一部を無断で複写複製(コピーおよび電子化を含む)することは，著作権法上での例外を除いて禁じられています．本書からの複写を希望される場合は，そのつど事前に，(社)出版者著作権管理機構の許諾を得てください．また，本書を代行業者等の第三者に依頼してスキャンやデジタル化をすることはたとえ個人や家庭内での利用であっても，いっさい認められておりません．
[連絡先] Tel. 03-5244-5088, Fax. 03-5244-5089, E-mail: info@jcopy.or.jp

編集：(株)QCQ 企画
印刷：三美印刷(株)　　製本：渡辺製本(株)　　装丁：齋藤由美子
落丁・乱丁本はお取り替えいたします．　　　　　　　　Printed in Japan

無線技士関連書籍

無線従事者試験のための数学基礎【第2版】
一総通・二総通・一陸技・二陸技・一陸特・一アマ対応

加藤昌弘 著　A5判　176頁

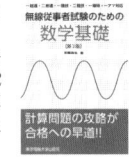

無線従事者国家試験の上級資格の計算問題を丁寧に解説。第2部では過去問題から多くの計算問題を掲載。実際の試験に役立つ。

第一級アマチュア無線技士試験 集中ゼミ

吉川忠久 著　A5判　432頁

一アマの出題傾向分析に基づいた構成。出題のポイントを絞り込み，項目ごとにわかりやすく解説。頻出問題を中心にして，練習問題を豊富に収録。

第一級アマチュア無線技士国家試験 計算問題突破塾【第2集】

吉村和昭 著　A5判　176頁

「無線工学」の計算問題について，詳細な計算過程とともに，複雑な計算を効率よく行うためのノウハウとテクニックを凝縮。

第2級ハム 集中ゼミ

吉川忠久 著　A5判　400頁

二アマの出題傾向分析に基づいた構成。出題のポイントを絞り込み，項目ごとにわかりやすく解説。頻出問題を中心にして，練習問題を豊富に収録。

第二級アマチュア無線技士国家試験 計算問題突破塾【第2集】

吉村和昭 著　A5判　128頁

一番苦労する「無線工学」の計算問題を徹底的にやさしく解説。できるだけ四則演算の計算だけで解けるように工夫し，むずかしい計算問題を克服。

第3級ハム 集中ゼミ

吉川忠久 著　A5判　264頁

三アマの出題傾向分析に基づいた構成。出題のポイントを絞り込み，項目ごとにわかりやすく解説。頻出問題を中心にして，練習問題を豊富に収録。

第一級陸上特殊無線技士試験 集中ゼミ【第3版】

吉川忠久 著　A5判　432頁

近年の出題傾向に合わせた内容の見直しと著者による詳しい解説を掲載し，練習問題も刷新。短期間で国家試験に合格できることをめざしてまとめた。

第4級ハム 集中ゼミ

吉川忠久 著　A5判　256頁

四アマの出題傾向分析に基づいた構成。出題のポイントを絞り込み，項目ごとにわかりやすく解説。頻出問題を中心にして，練習問題を豊富に収録。

＊定価，図書目録のお問い合わせ・ご要望は出版局までお願いいたします。
https://www.tdupress.jp/

陸上無線技術士

1・2陸技 受験教室①
無線工学の基礎　第2版

安達宏司著　　A5判　280頁

「無線工学の基礎」の科目について，各分野のポイントを広範囲の出題に対応できるよう，最近の出題傾向をもとにまとめた。

1・2陸技 受験教室②
無線工学A　第2版

横山重明・吉川忠久著
　　　　　　A5判　292頁 
理論の習得と試験問題において，重要度の高い事項について重点的に解説。新しい技術内容を盛り込み改訂をした。数式の展開もなるべく省略をせずに掲載。

1・2陸技 受験教室③
無線工学B　第3版

吉川忠久著　　A5判　280頁

アンテナや給電線の理論については，公式の展開などに高度な数学的な取り扱いが多いが，試験に必要な重要事項にしぼってまとめてある。

1・2陸技 受験教室④
電波法規　第3版

吉川忠久著　　A5判　216頁

「陸上無線技士」試験の定番書である本書を全面的に見直し近年の試験問題動向に準拠した内容に修正。また過去問題の解説で試験対策の充実を図った。

合格精選340題
第一級 陸上無線技術士 試験問題集【第3集】

吉川忠久著　　A5判　344頁

一陸技合格のための問題を精選して収録。新しい出題範囲を網羅し，第2集と重複しない問題をセレクト。表ページに問題，裏ページに解答と解説を掲載。

合格精選400題
第二級 陸上無線技術士 試験問題集【第3集】

吉川忠久著　　A5判　336頁

二陸技合格のための問題を精選して収録。新しい出題範囲を網羅し，第2集と重複しない問題をセレクト。表ページに問題，裏ページに解答と解説を掲載。

合格精選360題
第一級 陸上無線技術士 試験問題集【第4集】

吉川忠久著　　A5判　360頁

第3集の収録問題と重複しないので，さらに問題を解きたい読者向け。多くの問題を解くことにより，知識を確実なものとすることができる。

合格精選320題
第二級 陸上無線技術士 試験問題集【第2集】

吉川忠久著　　B6判　312頁

第3集の収録問題と重複しないので，さらに問題を解きたい読者向け。多くの問題を解くことにより，知識を確実なものとすることができる。ポケット版。

＊定価，図書目録のお問い合わせ・ご要望は出版局までお願いいたします。
https://www.tdupress.jp/

東京電機大学出版局 出版物ご案内

理工学講座
アンテナおよび電波伝搬

三輪進・加来信之著　　A5判　176頁

電波放射の基本，アンテナの諸特性，電波の伝搬形態，大地・建物・大気・電離層等が及ぼす影響，応用面での伝搬に重点を置いて解説。

理工学講座
基礎 電気・電子工学　第2版

宮入庄太・磯部直吉ほか監修　　A5判　304頁

機械・土木・建築・化学などの分野においても電気の技術を身につけておく必要が高まってきている。これらの基礎教科書として，広範囲を網羅的に解説。

情報通信基礎

三輪進著　　A5判　168頁

情報の通信技術について，おもに関連の深い項目を精選して解説。解説と関連図表を見開きで掲載。練習問題によって知識が身につく。

電気・電子の基礎数学

堀桂太郎・佐村敏治ほか著　　A5判　240頁

電気・電子に関する専門知識を学んでいくためには，数学の力が不可欠となる。高専や大学などで電気・電子を学ぶ学生向けに必要な数学を解説。

アナログ電子回路の基礎

堀桂太郎著　　A5判・168頁

アナログ電子回路について，高専や大学のテキストに向けに解説。姉妹書の「ディジタル電子回路の基礎」により，電子回路の基礎事項を学習できる。

ディジタル電子回路の基礎

堀桂太郎著　　A5判・176頁

ディジタル電子回路について，高専や大学のテキストに向けに解説。姉妹書の「ディジタル電子回路の基礎」により，電子回路の基礎事項を学習できる。

電子戦の技術　基礎編

デビッド・アダミー著
河東晴子ほか訳　A5判　380頁

電子戦とは電波・電磁波を活用した軍事活動の総称。現代の戦争において重要なレーダー技術と無線通信技術に関する解説書。

電子戦の技術　拡充編

デビッド・アダミー著
河東晴子ほか訳　A5判　376頁

基礎編で扱わなかった新しい項目について解説し，練習問題と詳解を掲載。用語も収録し「現場で使える実学性」を重視。

＊定価，図書目録のお問い合わせ・ご要望は出版局までお願いいたします。
URL　http://www.tdupress.jp/

DA-011